W0377407

KILLERWASP

PRESENTS

JOSEPH H. CATERS

DIE ULTIMATIVE UFO-STORY

Der Autor möchte Bill Higdon und Walt Kirshenman für Informationen danken, die in diesem Buch verwendet wurden.

Veröffentlicht durch FFWASP und KILLERWASP in Absprache mit dem Autor.

1999 by FFWASP, KILLERWASP
und Joseph H. Cater
Alle Rechte in medialer Weise vorbehalten.

Gesamtproduktion: KILLERWASP
Printed in Austria
ISBN 3-9805 835-3-8

BILDNACHWEIS:

Titelbild: Reichsdeutsches UFO auf einem Patroullienflug über die ägyptischen Pyramiden.

Rückseite: Riesiges Gebäude auf dem Mond.

Bilder von links oben nach rechts unten:
Die bekannten UFOs, die von Eduard Meier in der Schweiz fotografiert worden sind.
Fliegende Untertasse aus dem Jahr 1972 in Nevada. Wahrscheinlich handelt es sich um ein Schiff der Reptoiden oder Grauen.
Zigarrenförmige UFOs, wie sie von Adamski fotografiert worden sind.
Jesus bei seiner Wiederkunft.

INHALTSVERZEICHNIS

1. Kapitel: Eine Kurzfassung der Frühgeschichte dieses Planeten und die Rolle, welche UFOs darin gespielt haben, **Seite 9**

2. Kapitel: Die Vergangenheit des Autors und seine Erfahrungen mit aussergewöhnlichen Leuten, **Seite 17**

3. Kapitel: Wie der Autor mit der kriminellen Politik von Regierungsstellen zur Aufrechterhaltung des Status quo in Kontakt kam, **Seite 36**

4. Kapitel: UFO-Kontaktler, die früher sehr bekannt waren und heute größtenteils in Vergessenheit geraten sind, **Seite 46**

5. Kapitel: Technologien, die mit Hilfe von Ausserirdischen entwickelt wurden, **Seite 56**

6. Kapitel: Wenig bekannte und unterdrückte Tatsachen in Bezug auf die Geografie der Erde, **Seite 71**

7. Kapitel: Ungewöhnliche UFOs, **Seite 78**

8. Kapitel: Die Verwicklung von UFOs in der Sintflut, **Seite 82**

9. Kapitel: UFO-Aktivitäten auf dem Mond, **Seite 92**

10. Kapitel: Die Verwicklung von UFOs und Ausserirdischen beim Bau der Großen Pyramide in Ägypten, **Seite 95**

11. Kapitel: Die geheime Zusammenarbeit der US-Regierung mit bösartigen Ausserirdischen, **Seite 103**

12. Kapitel: Ein Fall, der eine herausragende Bestätigung für die horrenden Verbrechen darstellt, die von der Machtelite bei der Vertuschung der UFOs begangen wurden. Die Aktivitäten und die Rolle der Ausserirdischen bei ihrer Aufdeckung, **Seite 121**

13. Kapitel: Zusammenfassung, **Seite 132**

EINLEITUNG

Es sind schon viele Bücher über das UFO-Rätsel geschrieben worden, aber keines davon hat mehr als einen kleinen Ausschnitt des Gesamtbildes gezeigt. Bei den Ausserirdischen, welche die UFOs fliegen, handelt es sich nach der heutigen Version um winzige Männer mit sehr dünnen Körpern und großen Köpfen mit mandelförmigen Augen. Tausende von kürzlich Entführten beschreiben sie auf die gleiche Weise. Es deutet alles darauf hin, dass sie Menschen dazu benutzen, um Hybriden zu erschaffen. Dieses Bild wurde auch kürzlich in zwei Folgen der Fernsehserie Akte-X präsentiert. Die "Roseanne-Talk-Show" vom 22. Februar 1999 widmete eine ganze Stunde den Entführten und Ufologen. Die Hauptperson der Entführten erzählte, dass er als Folge der ständigen Vergewaltigungen von ausserirdischen Frauen schon zahllose Hybriden gezeugt habe. Diese waren viel größer und unterschieden sich von den kleinen Leuten mit den großen mandelförmigen Augen. Der Autor ist davon überzeugt, dass diese kleinen Leute, die keine Gefühle zeigen, nichts anderes als Roboter aus Fleisch und Blut sind, die dazu programmiert worden sind, bestimmte Funktionen auszuführen.

Aufgrund der Informationen, die in dieser Talk Show präsentiert wurden, wurde geschätzt, dass bisher schon ungefähr 4 Millionen Amerikaner entführt worden sind! Ausserdem waren in den letzten zwei Jahren mehr UFO-Sichtungen zu registrieren als jemals zuvor. Zuvor gab es eine Periode von sechs Jahren, in der es wenige wenn überhaupt irgendwelche Sichtungen zu verzeichnen gab!

Nachdem der Autor diese Folge der "Roseanne Show" (tatsächlich das einzige Mal, dass er diese eingeschaltet hatte) gesehen hatte, beschloss er ein Buch zu schreiben, welches das gesamte UFO-Problem darstellen sollte. Der Autor befindet sich in einer wesentlich besseren Position und ist wesentlich besser qualifiziert, ein solches Buch zu schreiben als jeder andere. Vor vielen Jahren befand sich der Autor noch nicht in einer Position, um solche Ansprüche stellen zu können, ohne dass man ihn für größenwahnsinnig gehalten hätte. Er kann inzwischen allerdings einiges vorweisen. Unter anderem, dass er eine Wissenschaft entwickelt hat, die alles enthält, was man von einem gültigen Konzept erwarten kann. Diese zeigt Lösungen für Rätsel auf, welche die besten Denker aller Zeiten verblüfft haben. Zum ersten Mal in der Geschichte dieses Planeten wurden alle Wissenschaften, eingeschlossen die Metaphysik, zu einem einheitlichen Ganzen vereint. Es gibt praktisch kein bekanntes

Phänomen, das nicht durch diese neue Wissenschaft erklärt werden kann. Im neuen Buch des Autors mit dem Titel "The Ultimate Reality" wird dargelegt, dass diese Wissenschaft allem, was bisher geschrieben wurde, wirklich Lichtjahre voraus ist.

Man sollte allerdings bedenken, dass der Autor kein Kontaktler ist und nie in einem Raumschiff geflogen ist, obwohl er enge Bekannte hat, die solche Flüge unternommen haben und noch unternehmen. Er hat aber gute Gründe zu glauben, dass er schon mit echten Ausserirdischen zusammengetroffen ist.

Der Autor ist oft gedrängt worden, eine Autobiografie zu schreiben, aber er war einem solchen Unternehmen bisher immer abgeneigt, weil es in seinem Leben so viele Vorfälle gab, die zu bizarr und aussergewöhnlich waren, damit sie eine größere Zahl von Leuten geglaubt hätten. Für dieses Buch war es jedoch notwendig, eine Teilautobiografie zu schreiben und einige dieser kolossalen Ereignisse zu präsentieren. Es gibt zahlreiche Lükken im Leben des Autors, die vielleicht in der Zukunft ausgefüllt werden oder auch nicht. Trotz der Tatsache, dass der Autor kein Kontaktler ist oder jemals in einem Raumschiff mitgeflogen ist, hat er wahrscheinlich wesentlich mehr UFOs gesehen als jeder andere.

1. KAPITEL

EINE KURZFASSUNG DER FRÜH-GESCHICHTE DIESES PLANETEN UND DIE ROLLE, WELCHE UFOS DARIN GESPIELT HABEN

Von bestimmten Personen, die sich in einer Position befinden, um ein entsprechendes Wissen zu besitzen, ist einigen Kontaktlern mitgeteilt worden, dass dieser Planet schon von Menschen bewohnt ist, seitdem er ungefähr vor einer Milliarde Jahren bewohnbar wurde. Dies bedeutet auch, dass die Menschheit ihren Ursprung nicht hier hat, sondern von Raumschiffen hierher gebracht worden ist. Es ist auch klar, dass viele andere Lebensformen von anderen Orten von Raumschiffen hierher gebracht worden sind. Die Behauptung, dass menschliche Wesen von Anbeginn an auf der Erde gelebt haben, kann aufgrund von eindeutigen Beweisen inzwischen kaum noch bestritten werden. Menschliche Werkzeuge sind in einigen der ältesten Gesteinsformationen gefunden worden. Z.B. zeigt eine Gesteinsformation in Utah den Fußabdruck einer Person, die Sandalen trägt, und die auf einen Triboliten tritt, der angeblich seit Millionen von Jahren nicht mehr existiert. Es gibt Gesteinsformationen, die menschliche Fußabdrücke neben solchen von Dinosauriern zeigen, die über eine darüberliegende Schicht reichten. Als ein Teil davon entfernt wurde, fand man heraus, dass die Spuren weitergingen. All dies wurde im Fernsehen gezeigt. Einige Höhlenzeichnungen zeigen Menschen, die mit Dinosauriern kämpfen. Ein Nagel wurde in Kohle eingebettet gefunden usw.

Haben solche Beweise Archäologen wie Leakey vielleicht davon abgehalten, nach den Anfängen der Menschheit auf diesem Planeten zu suchen, die sich vor zwei oder drei Millionen entwickelt haben soll, wie er glaubt? Das hat es nicht. Es kann gar nicht anders sein, als das er über diese Dinge Bescheid weiß, trotzdem ignoriert er sie, wie auch der Rest seiner Kollegen! Solche Leute sind der größten Verachtung wert. Unglücklicherweise besteht der Großteil der Wissenschaftler aus solchen trüben Tassen.

Je mehr Tatsachen aufgedeckt werden, umso offensichtlicher wird es, dass UFOs eine wesentliche Rolle in der gesamten Geschichte dieses Planeten gespielt haben. In den frühen Sechziger Jahren lernte der Autor einen der Topkontaktler, wenn nicht den Topkontaktler auf diesem Planeten zu dieser Zeit, kennen. Dieses Ereignis fand während eines Treffens in Gabriel Greenes Haus statt. Sein

Name ist Elary Wilsey. Greene war ein bekannter Ufologe, der ein monatliches Nachrichtenblatt herausbrachte und regelmäßige Zusammenkünfte in seinem Haus in Los Angeles veranstaltete. Wilsey war nicht nur ein Topkontaktler, sondern auch ein Topmedium, vielleicht sogar das Beste, das der Autor je getroffen hat. Bei einigen Anlässen war er in der Lage eindeutige Beweise zu liefern, die zeigten, dass er tatsächlich das war, was er behauptete. Einmal wurde er von Greene gebeten, Nahaufnahmen einiger der Planeten zu zeigen. Ein paar Tage später tat er dies dann auch tatsächlich. Bei einem Foto handelte es sich um eine Nahaufnahme des Saturn mit senkrechten Blick von oben auf die Ringe. Ein anderes zeigte Uranus. Das Bild war leicht verschwommen, weil es, wie er sagte, durch eine Luke eines Raumschiffes getragen worden war. Das Aufsehen erregendste Ereignis war allerdings, als er im Sommer des Jahres 1965 zu Gast in der "Louis-Lomoy-Show" war. Es war ein Fachmann für Lügendetektoren anwesend, der ihn testen sollte. Dieser Mann war ein Skeptiker, der hoffte, ihn bei einer Lüge zu ertappen. Wilsey hatte behauptet, dass ihm von den Ausserirdischen erlaubt worden war, eine fliegende Untertasse durch eine der großen Öffnungen in das Erdinnere zu fliegen. Eine davon befindet sich in der Nähe des magnetischen Nordpols und eine an dessen Antipoden in der Nähe des magnetischen Südpols. Wilsey bestand den Test mit Bravour und der Mann war sichtlich betroffen und enttäuscht. Als er schließlich nach den Ergebnissen gefragt wurde, konnte er nur folgendes sagen: "Zumindest glaubt er, dass er dies getan hat."

Wilsey war besessen davon, mehr über die Erdgeschichte zu erfahren, aber in keinem der Öffentlichkeit zugänglichen Buch konnte er die notwendigen Informationen finden. Seine ausserirdischen Freunde halfen ihm schließlich bei seinem Vorhaben. Er hatte das unbestimmte Gefühl, dass das Buch Enoch, das überall erhältlich war, nur eine stark verkürzte Version darstellte. Eines Tages hatte er den Eindruck, dass eine ungekürzte Originalausgabe in einer öffentlichen Bibliothek in Los Angeles aufgetaucht sei. Er fand heraus, dass es sich um eine altertümliche Ausgabe handelte, die wahrscheinlich die einzige dieser Art auf dem ganzen Planeten war. Das Buch wurde schwer bewacht, und es war nicht erlaubt, es aus dem Leseraum mitzunehmen. Trotzdem war er in der Lage, es mit nach Hause zu nehmen und zu studieren.

Die Bibel spricht von einem Krieg im Himmel, den Michael und seine Engel gewonnen haben. Diese ungekürzte Version des Buches Enoch stellt diese Geschichte wesentlich detaillierter dar. Es wird von einem Herrscher eines Planeten im Sonnensystem erzählt, der als Luzifer bekannt ist. Dieser Planet trug den Namen Maldek. Luzifer war ein großer biologischer Ingenieur, der in der Lage war, in seinem Laboratorium Duplikate von Menschen herzustellen. Sie erstanden dann zu Robotern aus Fleisch und Blut, aber sie besaßen natürlich keine Seele. Sie konnten sich genau wie Menschen fortpflanzen und vermehren. Er wurde ihm von seinen Vorgesetzten befohlen, seine Experimente einzustellen und seine Schöpfungen loszuwerden. Er weigerte sich dies zu tun. Er hatte geplant, seine Schöpfungen einzusetzen, um andere Armeen zu schocken und die Macht über das Sonnensystem, wenn nicht über das gesamte Universum, zu übernehmen. Er besaß ein riesiges Ego und wurde machttrunken. Dies führte zu einem interplanetaren Krieg, der mit der Zerstörung Maldeks endete. Der Asteroidengürtel ist ein Überbleibsel dieses Planeten. Luzifer wurde schließlich besiegt, und er und eine Reihe seiner Schöpfungen wurden vor ungefähr 8 000 Jahren auf dem Berg Hermon in Palästina ausgesetzt. (Tatsächlich sind die meisten Krater auf dem Mond und anderen Himmelskörpern im Sonnensystem das Ergebnis dieses Krieges. Die großen sind keine Einschlagkrater. Sie sind viel zu flach, und einige haben sogar große Berge in ihrer Mitte. Sie wurden durch Protonenstrahlen erzeugt, wie dies in dem Buch des Autors mit dem Titel “The

Ultimate Reality" beschrieben wird).

Die Kreaturen, welche zusammen mit Luzifer auf dem Berg Hermon zurückgelassen wurden, waren groß und schön. Die Leute in der Umgebung sahen sie als Götter an. Diese und Luzifer übernahmen schnell die Kontrolle über die umliegenden Gebiete. Schließlich beherrschten sie und ihre Nachkommen hinter den Kulissen die ganze bekannte Welt, was sie auch die nächsten 8 000 Jahre taten. Während dieser Zeit wurden sie von skrupellosen Menschen, die heute als Machtelite bekannt ist, bei ihrem Vorhaben unterstützt. Zu der Zeit, als der Autor sich dieser Situation bewusst wurde, befanden sich ungefähr 5 Millionen dieser künstlichen Menschen auf diesem Planeten. Bis heute ist davon allerdings kein einziger übriggeblieben. Was mit ihnen passiert ist, wird später offengelegt werden. Die Verhältnisse auf diesem Planeten verbesserten sich hierdurch aber trotzdem nicht, weil sie von Individuen ersetzt wurden, die genauso ruchlos waren wie jene.

Einer der ersten Kontaktler, der in den Fünfziger Jahren einer breiteren Öffentlichkeit bekannt wurde, war Orfeo Angelucci. Der Autor lernte ihn sehr gut kennen. Er verfasste ein Buch über seine Erlebnisse. Die Fremden, die ihn kontaktierten, waren hochentwickelte, wohlgesinnte Wesen. Sie erzählten ihm teilweise die gleichen Dinge in Bezug auf Luzifer, die auch Wilsey später in der ungekürzten Version des Buches Enoch fand. Es scheint, dass Orfeo in einem früheren Leben ein Verbündeter von Luzifer gewesen war. Sie sagten weiter, dass Luzifer in der Folge viele Verkörperungen auf diesem Planeten hatte und dass einige dieser jedem Schuljungen bekannt sind. Es wurde ihm weiterhin mitgeteilt, dass er zu jener Zeit auf diesem Planeten inkarniert war. Interessanterweise weiß der Autor, um wen es sich handelte. (Er ist inzwischen gestorben). Er war ein prominenter Vertreter der sogenannten New-Age-Bewegung und behauptete von sich, dass er ein UFO-Kontaktler sei. Der Autor fand jedoch heraus, dass sich sein wahres Wesen ein wenig von seinem Image, das er in der Öffentlichkeit zeigte, unterschied. Er war ein Mann mit wenig Skrupeln und besaß ein riesiges Ego. Vor einigen Jahren hatte der Autor in einem Traum eine Vision, in dem die Auslöschung seiner Seele gezeigt wurde. Es gibt ein Gesetz, das folgendermaßen lautet: "Jene, die sich des freien Willens als unwürdig erweisen, sollen aus dem göttlichen Plan eliminiert werden." Und er hat sich als unwürdig erwiesen. Wegen seiner Nachkommen, die sich völlig von ihm unterscheiden, verzichtet der Autor den Namen dieses Mannes zu nennen.

Obwohl einige der Behauptungen in diesem kurzen Einführungskapitel vielleicht irgendwie schokkierend und schwer zu glauben sein mögen, hat der Autor trotzdem ausgezeichnete Gründe, davon überzeugt zu sein, dass sie der Wahrheit entsprechen. Dieses Kapitel hat die akademischen Wissenschaftler und die Wissenschaft, die sie repräsentieren, nicht im günstigsten Licht dargestellt. Dies ist mehr als gerechtfertigt. Die konventionelle Physik ist in Irrtümer und sinnlosen Argumentationen verstrickt. Dies wird in den Büchern des Autors eindeutig bewiesen. Auch die Rechtschaffenheit der Wissenschaftler im allgemeinen hat sich nicht gerade als untadelig erwiesen. Der Konsens unter den Wissenschaftlern lautet, dass die Erde vier Milliarden Jahre alt ist. Wesen, die wesentlich intelligenter sind und mehr Wissen besitzen, als alle Wissenschaftler zusammen, behaupten aber etwas ganz anderes. Der verstorbene Wilhelm Reich bewies, dass die Messung der Halbwertszeit ein sehr unzuverlässiges Mittel sein kann. Nebenbei gesagt haben die sogenannten Wissenschaftler entgegen ihrer Behauptungen nicht die geringste Ahnung wie Sterne und Planeten erschaffen werden.

Der Leser oder die Leserin sollte tief durchatmen, bevor er oder sie weiterliest, da noch wesentlich schockierendere Dinge als die genannten präsentiert werden. Da es sich hierbei um persönliche Erfahrungen des Autors handelt, dürften hieran kaum Zweifel aufkommen.

2. KAPITEL

DIE VERGANGENHEIT DES AUTORS UND SEINE ERFAHRUNGEN MIT AUSSERGEWÖHNLICHEN LEUTEN

Bevor hier nun mit der Erzählung fortgefahren wird, ist es erst notwendig die Vergangenheit des Autors ein wenig zu beleuchten. Der Autor kam mit bestimmten vorher nicht dagewesenen und absolut unglaublichen Kräften auf die Welt, derer er sich bis in die Vierziger Jahre seines Lebens selbst nicht bewusst war. Glücklicherweise können diese Kräfte nicht wahllos und rücksichtslos eingesetzt werden. Sie können nur für Dinge verwendet werden, die mit dem kosmischen Plan übereinstimmen und gegen alles, das eine Bedrohung für den Autor darstellt. Folgedessen wäre er nicht einmal in der Lage, einer alten Frau auf Krücken etwas zuleide zu tun, gleichgültig ob er nun wollte oder nicht. Es muß weiterhin festgestellt werden, dass "1984" auf diesem Planeten schon lange Realität wäre, wenn der Autor diese Kräfte nicht gehabt hätte. Der Autor hat sich die Ziele, gegen die er seine Kräfte einsetzte, nie selbst ausgesucht. Sie wurden in einer subtilen Art und Weise immer für ihn ausgesucht, was im Verlauf dieser Erzählung offensichtlich wird.

Dem Autor ist in den letzten Jahren offenbart worden, dass er auf einem Raumschiff geboren wurde, dann auf diesen Planeten gebracht und mit einem anderen Baby einer bestimmten Familie aus dem Süden von Idaho vertauscht wurde. Dass dies der Wahrheit entsprechen muß, kann man aus einigen Dinge schließen, die ihm seine Pflegemutter einmal erzählt hat. Sie sagte, dass er verkrüppelt gewesen war, als er geboren wurde. Er besaß keinen Hals! Ungefähr drei Wochen später geschah jedoch ein Wunder. Er erschien eines Morgens als völlig normales Baby! Der offizielle Geburtstag des Autors ist der 24. März 1917, aber in Wirklichkeit wurde er am 10. April 1917 geboren.

Es ist logisch anzunehmen, dass die Ausserirdischen, welche den Autor hierher gebracht haben, ihn seit seiner Geburt beobachten. Es gibt eindeutige Beweise, die zeigen, dass dies tatsächlich der Fall ist. Ein bemerkenswerter Fall ereignete sich in den späten Sechziger Jahren. Der Autor und ein

Kollege waren zu einem Vortrag in Klamath Falls in Oregon eingeladen. Auf dem Weg dorthin und aus Gründen, die dem Autor nicht klar sind, fuhr dieser Kollege an den Straßenrand des Highways und hielt dort an. Dies geschah zwischen Chemult und Klamath Falls auf der Highway 97. An dieser Stelle zieht sich die Straße in beiden Richtungen meilenweit schnurgerade dahin, und es ist keine einzige Kreuzung vorhanden. Sie ist beidseitig stark bewaldet. Es hatte geregnet und der Wagen war im Schlamm steckengeblieben. Wir gingen aus dem Wagen heraus, um nach irgendeinem Gestrüpp zu suchen, das wir unter die Antriebsräder legen hätten können. Wir waren nicht einmal eine Minute aus dem Auto heraus, als aus dem Nichts ein riesiger Truck auftauchte. Wortlos stiegen zwei junge Männer aus, zogen eine riesige Kette aus dem Laderaum, befestigten sie an der vorderen Stoßstange des Wagens und zogen ihn wieder auf die Straße. Der Kollege des Autors bot ihnen ein wenig Geld an, das sie aber mit den Worten ablehnten, dass wir dieses vor unserer Rückkehr noch brauchen würden. Sie stiegen dann wieder in den Lastwagen und fuhren in die Richtung, aus der sie gekommen waren. In einem einzigen Augenblick waren sie plötzlich verschwunden.

Als wir nach Portland zurückkehren wollten, gab die Benzinpumpe des Wagens ihren Geist auf und mein Freund musste eine neue kaufen, bevor wir unseren Heimweg fortsetzen konnten.

Bei einem anderen Vorfall in Mittelkalifornien Mitte der Siebziger Jahre ging der Wagen des Autors, ein alter VW-Käfer, ungefähr 70 Kilometer von der nächsten Stadt entfernt kaputt. Die Situation erschien hoffnungslos. Es vergingen nicht einmal zwei Minuten, bis ein Abschleppwagen vorbeifuhr, der ihn und den Wagen zu einer VW-Reparaturwerkstatt in die 70 Kilometer entfernte Stadt brachte. Die Abschleppgebühr war extrem gering. Innerhalb von zwei Stunden konnte der Autor seine Reise wieder fortsetzen.

Die beiden genannten Fälle sind bei weitem nicht alle. Wann immer der Autor in Schwierigkeiten geriet, die gefährlich erschienen, gab es eine helfende Hand in der Nähe. Vielleicht eines der unwahrscheinlichsten Ereignisse geschah in den frühen Fünfziger Jahren. Der Autor befand sich mit einem 37-er Chevrolet in Mittelkalifornien auf dem Weg nach Los Angeles. Es war ungefähr zwei Stunden nach Sonnenuntergang und es war stockdunkel. Plötzlich flog ein Kolben aus dem Motor. Er verschwand durch ein Loch im Motorblock. Der Autor fuhr von der Straße herunter und verbrachte die Nacht in einem Schlafsack. Am nächsten Morgen stellte er fest, dass der Wagen seinen Geist genau vor einem Schrottplatz aufgegeben hatte, der sich

10 Kilometer von der nächsten Stadt entfernt befand. Er startete den Wagen (die Vibrationen waren schrecklich) und fuhr ihn auf den Schrottplatz. Der Besitzer gab ihm 20 Dollar dafür und fuhr ihn dann in die Stadt, wo er einen Bus nach Los Angeles nahm. Weshalb hatte sich der Motor gerade diesen Platz ausgesucht, als er am Ende war? Der Autor war gewarnt worden, bevor er diese Fahrt angetreten hatte. Der Motor hatte ein leichtes Klopfgeräusch von sich gegeben, das der Autor jedoch ignoriert hatte.

Viele UFOs tarnen sich dadurch, dass sie eine Wolke um sich herum erzeugen. Oft haben diese Wolken die gleiche Form wie das Raumschiff selbst. Meistens lösen sie sich jedoch nicht auf und verändern auch ihre Form nicht wie normale Wolken. Trotz dieser Tatsache hält sie die große Mehrheit für Wolken. Dies ist nicht weiter verwunderlich, da die meisten Menschen keine gute Beobachtungsgabe besitzen und nicht gerade sehr schlau sind. Unter Ufologen sind solche Wolken als "Ionisationen" bekannt. Der Autor sah eine solche zum ersten Mal im Jahr 1953, als er und eine Gruppe von Los Angeles zum Giant-Rock-Flughafen fuhren, um dem ersten UFO-Kongress beizuwohnen, der je abgehalten wurde. Dieser Ort befindet sich ungefähr 150 Kilometer von Los Angeles entfernt in der Wüste. Nachdem wir Los Angeles verlassen hatten, verharrte eine solche “Ionisation” ungefähr 100 Kilometer nördlich von uns immer am gleichen Ort. Dann drehte sie in Richtung Giant Rock ab. Die nächste Ausfahrt war meilenweit entfernt, und es handelte sich um eine langgezogene, kurvenreiche Straße durch einen Canyon. Als wir unser Ziel erreichten, sahen wir wieder diese große untertassenförmige Wolke, die für den Rest des Tages über diesem Gebiet schwebte.

Im Einklang mit der Politik der amerikanischen Regierung, Daten über UFOs zu unterdrücken, gab es Anstrengungen, um die Führer der UFO-Bewegung auszuschalten. Viele starben oder verschwanden unter höchst suspekten Umständen. Jene, die überlebten, hatten zweifelsohne einen sehr guten Schutz, der ihnen selbst nicht bewusst war. Es hat sich in vielen Fällen herausgestellt, dass Menschen, die in der Vergangenheit und in der Gegenwart eine wichtige Rolle zu spielen hatten, nicht durch Attentate ermorden werden können. Offensichtlich ist der Autor einer von ihnen, da er dem Establishment mehr auf die Füße getreten ist als jeder andere. Über den Roswell-Zwischenfall und die Rolle der Regierung darin ist schon so viel geschrieben worden, dass hier nicht näher darauf eingegangen werden muß. Der Autor wird sich auf Vorfälle konzentrieren, die der Öffentlichkeit nicht bekannt sind.

Es hat auf diesem Planeten in der Vergangenheit zahlreiche Zivilisationen gegeben, die im Vergleich zur heutigen wesentlich weiter entwickelt waren. Atlantis war eine von ihnen. Eine andere war als Lemuria bekannt. Es gibt immer noch Überbleibsel dieser frühgeschichtlichen Zivilisationen. Die Lemurianer besitzen eine unterirdische Stadt in der Nähe des Berges Shasta und eine unter den Bergen von Nevada. Zur Zeit von Lemuria gab es noch zwei andere mächtige Nationen, die sich im Krieg miteinander befanden. Die Lemurianer wollten vermitteln und wurden durch eine Atombombenexplosion fast ausgelöscht. Seit dieser Zeit haben sich die übriggebliebenen Lemurianer fern vom Rest der Welt gehalten. Es gibt ungefähr 50 000 von ihnen in Kalifornien. Der Autor traf in den Fünfziger Jahren mit einem dieser Lemurianer zusammen. Er befand sich gerade auf der Suche nach der legendären verschollenen "Peg-Leg-Mine". Die Gegend dort ist sehr sandig und weite Landstriche sind mit geschmolzenem Sand bedeckt, der offensichtlich irgendwann einmal einer starken Hitze ausgesetzt gewesen war. Es passierten sehr seltsame Dinge, als sich der Autor in diesem Gebiet aufhielt. Ausserdem zeigten sich manchmal körperliche Probleme. Eines Nachmittags tauchten nicht weniger als vierzig der genannten "Ionisationen" um ihn herum auf. Sie hatten alle möglichen Größen und Formen. Eine war wie eine Sanduhr geformt. Sie verblieben den ganzen restlichen Tag in dieser Stellung.

Nachdem der Autor nach Los Angeles zurückgekehrt war, nahm er Verbindung mit Elary Wilsey auf. Es stellte sich heraus, dass Wilsey einer der wenigen Aussenstehenden war, mit dem die Lemurianer jemals gesprochen hatten. Sie hatten ihm einen Teil ihrer vergangenen Geschichte geoffenbart. Er informierte den Autor darüber, dass das Gebiet, das er erforscht hatte, ein heiliger Ort der Lemurianer sei. Es handele sich um einen vorzeitlichen Friedhof. Zweifelsohne war der geschmolzene Sand das Ergebnis einer Atombombe, die auf die Lemurianer abgeworfen worden war. Einige von den genannten vierzig UFOs waren Raumschiffe der Lemurianer. Der Rest war dazu da, um die Lemurianer davon abzuhalten, um den Autor irgendetwas anzutun. Wilsey erzählte dem Autor dann, dass der Anführer der Lemurianer, der als Jan bekannt ist, in seinem astralen Körper anwesend sei. Jan forderte den Autor auf nach McCloud, das am Fuße des Berges Shasta liegt, zu kommen, und er würde ihm dann zeigen, wie mächtig er sei. Der Autor gab ihm dann den gutgemeinten Rat, doch zuerst einmal herauszufinden, mit wem er es überhaupt zu tun habe, bevor er sich vielleicht übernähme. Das Treffen endete schließlich damit, dass er den Autor verfluchte.

Am frühen Morgen des nächsten Tages rief der Autor Wilsey an und fragte ihn, ob er Jan darüber informieren könne, dass er die Herausforderung annehme und an diesem Abend in McCloud sein werde. Jan hatte dies schon vorausgesehen und eine faule Ausrede vorgebracht, weshalb er an diesem Abend nicht am verabredeten Ort sein könne. Er erzählte Wilsey dann, dass man sich mit dem Autor treffen werde. Offensichtlich war er dem Rat des Autors gefolgt, und was er herausgefunden hatte, hatte ihm das Fürchten gelernt. Die Fahrstrecke nach McCloud betrug ungefähr 1 000 Kilometer, und der Autor kam am Abend dieses Tages an. Er fuhr in der Stadt herum, ohne auf irgendwelche Lemurianer zu treffen. Er verbrachte die Nacht dann in einem Aussenbezirk der Stadt in seinem Wagen. Zu dieser Zeit gab es in McCloud eine große Cafeteria. Ungefähr 200 Meter die Straße hinunter gab es einen L-förmigen Gehsteig, der sich ungefähr einen Meter über den Boden befand und an mehrere Geschäfte angrenzte. Am frühen Morgen des nächsten Tages betrat der Autor mit einem Mantel (es war im November 1963 und es war kalt) die Cafeteria und nahm ein Frühstück zu sich. Während er aß, kamen ein Mann und seine Frau in die Cafeteria und schauten den Autor an, als ob er ihnen bekannt wäre. Der Autor hatte ebenfalls das

Gefühl, dass er diese Person vor langer Zeit gekannt hatte. Nachdem der Autor sein Frühstück beendet hatte, ging er hinaus zu seinem Auto, um seinen Mantel abzulegen. Der Mann und seine Frau, die frühstückten, blieben in der Cafeteria zurück. Während er die Wagentür schloss und gerade wieder in die Cafeteria zurückgehen wollte, blickte er die Straße hinunter. Zu seinem Erstaunen sah er diesen Mann und seine Frau auf dem Gehsteig, wie sie in ein Schaufenster blickten. Die Geschäfte waren zu dieser frühen Stunde allerdings noch geschlossen. Der Autor ging dann Richtung des Gehsteigs. Als er an den beiden vorbeiging, schauten sie weiterhin in das Schaufenster. Der Autor ging dann den ganzen Gehsteig entlang und kehrte wieder um. Als er das Paar erreicht hatte, schien der Mann sehr nervös zu sein. Er sagte "Guten Morgen", und der Autor erwiderte den Gruß. Da er anscheinend kein Interesse an einem Gespräch hatte, ging der Autor über die Straße in ein Cafe. Die Eingangstür besaß ein Fenster. Er setzte sich neben den Tresen und bestellte sich einen Kaffee. Als er den Kaffee trank, schaute er auf und sah diesen Mann, der ihn durch das Fenster anstarrte. Der Autor stand auf, aber zu dem Zeitpunkt, als er die Tür erreicht hatte, war er schon wieder verschwunden. Nachdem er noch zwei weitere Stunden in der Stadt verbracht hatte, machte sich der Autor auf den Rückweg nach Los Angeles. Als er Wilsey das nächste Mal sah, sagte dieser wortgetreu folgenden Satz: “Falls Jan dich von Angesicht zu Angesicht auf der Straße sehen würde, dann würde er sich voll in die Hose machen.” Wilseys Ausdrucksweise ließ, wie bei den meisten Leuten, einiges zu wünschen übrig.

Die Lemurianer waren zweifelsohne für zahlreiche seltsame Ereignisse und Sichtungen, welche auf und um den Berg Shasta in den vergangenen Jahren zu beobachten waren, verantwortlich. Zum Beispiel richteten einmal die Astronomen des Jiche-Observatoriums ihren 40-Zoll-Refraktor auf den Shasta. Auf seinen Hängen und versteckt unter den Bäumen sahen sie wunderschöne Tempel und andere Gebäude. Eine Expedition, die daraufhin in dieses Gebiet geschickt wurde, konnte dann allerdings nichts dergleichen finden.

Vor einigen Jahrzehnten ereignete sich ein anderer seltsamer Vorfall. Ein früherer Bekannter des Autors war in eine Bar in Shasta City gegangen. Die Stammkunden in der Bar starrten ihn an, als ob er vom Mars käme. Er fragte den Barkeeper, was das Ganze solle, und dieser erzählte ihm die folgende Geschichte: Kurz bevor er eingetreten war, war ein 2,10 m großer Mann, der einen Turban getragen hatte, aufgetaucht und hatte nach einem Glas Wasser gefragt. Der Barkeeper war der Bitte nachgekommen, und der Fremde hatte einen Goldklumpen auf den Tresen gelegt. Er war dann hinausgegangen, und einige der Gäste waren zur Tür gestürzt, um ihm nachzusehen. Nachdem er eine kurze Strecke gegangen war, war er plötzlich verschwunden. Die Beschreibung dieses Mannes entsprach genau derjenigen, die Wilsey später von Jan gab!

Bevor der Autor auf die wesentliche Rolle einer anderen Person in seinem Leben zu sprechen kommt, muß zuvor kurz auf die Geschichte dieser Person eingegangen werden. Er war die Verkörperung eines untergeordneten Ältesten, der ein Abtrünniger war, bevor er geschnappt und bestraft wurde. Die Ältesten sind die höchst entwickelten Wesen im Universum. Sie verkörpern sich als Führer und Lehrer auf verschiedenen Planeten. Ansonsten würden sich die Menschen und bestimmte andere Lebensformen nie so weit entwickeln, wie dies ja angeblich der Fall sein soll. Diese Person, die ich Larry nennen möchte, erhielt von einem der höchstrangigen Ältesten acht Jahre lang ein spezielles Training, um ihn auf die Rolle vorzubereiten, die er im Leben des Autors zu spielen hatte. Zwischen 1954, als er ihn zum ersten Mal sah, und 1969 diente er ihm als “Speerspitze” und Informant. Es verging oft lange Zeit, in der er keinen Kontakt mit ihm hatte. Es war auch Larry, durch den der

Autor seine wahre Identität und viele Identitäten seines früheren Lebens herausfand. Diese Dinge fanden später aus vielen anderen Quellen ihre Bestätigung. Larry war ein großer Meister der Astralprojektion und konnte in diesem Zustand verheerende Zerstörungen anrichten. Kurz nachdem ihn der Autor kennengelernt hatte, führte Larry ihm einige Dinge vor, die den Autor zu einem Gläubigen machten. Seine Kräfte waren wirklich fürchterlich.

Während der Freundschaft mit Larry hatte der Autor einen anderen Freund, der ein begeisterter Anhänger von Paul Twichel war. Twichel war ein bekannter Heiler und ein Meister der Astralprojektion. Er führte viele seiner Heilungen durch dieses Medium aus. Als sich einmal die Gelegenheit ergab, konnte sich der Autor nicht enthalten, folgende Bemerkung von sich zu geben: "Ich habe einen Bekannten, der ein genauso großer Meister der Astralprojektion wie Twichel ist, aber es gibt einen wesentlichen Unterschied zwischen den beiden: Paul Twichel nimmt einem die Kopfschmerzen und mein junger Freund macht einem welche!"

Die Bekanntschaft mit Elary Wilsey begann im Jahr 1962 und endete im Jahr 1967. Während dieser Zeit hatte er keinen Kontakt mit Larry. Der Sommer des Jahres 1965 war eine erinnerungswürdige Zeit in unserer Beziehung. Eine Gruppe mit gemeinsamen Interessen nahm jeden Tag an einer langen Channeling-Sitzung mit Wilsey als Medium teil. Er war hierbei die ganze Zeit bei vollem Bewusstsein, und folgedessen wusste er genau, wer durch ihn sprach und ob diese Person auch jene war, die sie behauptete zu sein. Dies wurde durch seine großartigen übersinnlichen Fähigkeiten ermöglicht. Manchmal sprachen hohe Wesen und sogar Verstorbene wie Stalin und Al Capone durch ihn. Es war bei diesen Sitzungen, bei denen der Autor weitere Bestätigungen seiner wahren Identität und seiner einzigartigen potentiellen Kräfte fand. Hier wurde ihm ausserdem gezeigt, wie er diese Kräfte gebrauchen und steuern konnte, was er dann auch schon bald mit erfreulichen Ergebnissen in die Tat umsetzen konnte.

Wilsey schien die einmalige Fähigkeit zu besitzen, ungewöhnliche Menschen anzuziehen. Einer von diesen war ein Mann, der behauptete, unter der Leitung von Admiral Byrd eine geheime Expedition mitgemacht zu haben. Diese hatte nach Byrds Antarktis-Expedition aus dem Jahr 1947 stattgefunden, die großes öffentliches Interesse erregt hatte. Der Name dieses Mannes lautete Jim Bowen. Anstatt dass er im Jahr 1948 aus der Marine ausgemustert worden war, wie es normalerweise eigentlich der Fall hätte sein sollen, wurde er in eine Halle geführt, in der sich ungefähr 100 andere auf einer Liste eingetragene Männer befanden, die von Admiral Byrd geleitet wurden. Er war einer von denen, die ausgewählt worden waren, um Byrd auf seiner Expedition zu begleiten. Auf seinen Flügen während seiner vorhergehenden Expedition hatte Byrd die großen Öffnungen in die innere Erde entdeckt. Nach seinem gewagten Unternehmen aus dem Jahr 1947 hatte er durch einige seltsame Bemerkungen über "dieses große unbekannte und seltsame Land im Himmel" auf sich aufmerksam gemacht. Interessanterweise würde die Krümmung der Erde in dieser Region unter den richtigen atmosphärischen Bedingungen für jeden, der in die Öffnung hineinfliegen würde, den Anschein eines Landes am Himmel erwecken.

Während dieses kurzen Treffens legte Byrd den Zweck seiner neuen Expedition dar und beschwor die Männer der strikten Geheimhaltung. Sie wurden davor gewarnt, je über die folgenden Ereignisse zu sprechen. Nach 15 Jahren des Schweigens hatte Bowen es allerdings satt und beschloss, über seine Erlebnisse zu reden. Der Autor lernte ihn ziemlich gut kennen und fand heraus, dass er ein rechtschaffener Mann war. Er bombardierte ihn mit Fragen über die Verhältnisse, die er im Innern der Erde vorgefunden hatte. Seine Beschreibung stimmte völlig mit dem überein, was der Autor bisher darüber gewusst und aus seiner wissenschaftlichen Einsicht abgeleitet hatte. Bowen hätte keine so genaue Beschreibung abgeben können, wenn er nicht tatsächlich im Innern der Erde gewesen wäre, da seine Angaben völlig den Vorstellungen der akademischen Physik widersprachen.

Die geheime Byrd-Exedition schiffte sich in Australien auf einem Eisbrecher ein, der Kurs in Richtung des magnetischen Südpols nahm. Nachdem der Eisbrecher soweit vorgedrungen war, wie dies möglich war, reisten sie mit Hundeschlitten über das Eis. Sie wurden von Flugzeugen aus versorgt, die auf dem Weg Proviant abwarfen. Nachdem sie dreissig Tage marschiert waren, wurde das Klima wärmer und bald war der ganze Schnee und das Eis verschwunden. Zu dieser Zeit war die Sonne schon nicht mehr zu sehen, aber es war genügend Licht vorhanden, das allerdings nicht aus einer bestimmten Richtung kam. Es schien irgendwie bewölkt zu sein, und man konnte nicht recht weit sehen. Als sie weiterreisten, stießen sie auf eine tropenähnliche Vegetation, die umso üppiger wurde, je weiter sie vordrangen. Sie sahen auch Tiere, die eigentlich schon längst ausgestorben sein hätten sollen. Eines hiervon war ein Tyrannosaurus Rex, der sie das Fürchten lernte. Sie achteten darauf, dass er sie nicht sah. Schließlich trafen sie auf ein UFO, das gerade gelandet war. Den Männern wurde nicht erlaubt, mit den Insassen Kontakt aufzunehmen, aber Byrd und seine Offiziere taten dies schon. Bowen hatte allerdings keine Ahnung, was gesprochen wurde.

Nachdem sie sich weiter nach innen vorgewagt hatten, wurde der größte Teil der Expeditionsteilnehmer, einschließlich Bowen an die Erdoberfläche zurückgeschickt, wohingegen Byrd und seine Männer zurückblieben. Sie verbrachten dann insgesamt sechs Monate im Innern der Erde. Es ist interessant anzumerken, dass Byrd kurz nach der Antarktis-Expedition aus dem Jahr 1947 ungefähr ein Jahr lang nicht in der Öffentlichkeit zu sehen war.

Nachdem die Freundschaft mit Wilsey im Jahr 1967 geendet hatte, fühlte sich der Autor veranlasst, die Telefonadressbücher im Bereich von Los Angeles zu durchsuchen. In einem fand er Larrys Name. Er rief ihn an und fand heraus, dass es sich tatsächlich um Larry handelte. Während des folgenden Treffens sagte Larry, dass er unter dieser Adresse und dieser Telefonnummer nur kurze Zeit gewohnt habe. Tatsächlich geschah dies Monate nachdem schon wieder ein neues Telefonbuch herausgekommen war! Von dieser Zeit an nahm die Freundschaft mit Larry eine neue Wendung. Von nun an würde dieser die Ziele aussuchen, die eliminiert werden mussten, und der Autor verwendete seine neu gewonnenen Kräfte, um den Job zu erledigen. Larry hatte beschlossen, dass ein Kernkraftwerksreaktor das nächste Ziel sein sollte, und er zeigte dem Autor den besten Weg, einen solchen in die Luft zu jagen. Es war die folgende Zerstörung einiger dieser Reaktoren, welcher der wirkliche Grund der offiziellen Stellen war, die Entscheidung zu treffen, das Kernkraftwerkprogramm auslaufen zu lassen, da sie angeblich als zu gefährlich angesehen wurden. Die Fähigkeit der Regierung, Nachrichten zu unterdrücken, ist schon wirklich unglaublich. Nachdem Larry im Jahr 1969 in Freundschaft aus dem Leben des Autors geschieden war, freundete sich der Autor im Jahr 1970 mit einem gewissen Bud Lutrell aus Klamath Falls an. Dieser erzählte ihm über einen Reaktor in der Nähe der Stadt, durch dessen Explosion die ganze Gegend im Umkreis von 30 km erschüttert worden war. In Oregon sollte es keine Reaktoren geben! Bud entschloss sich, den Autor an diesen Ort zu fahren. Auf dem Weg dorthin hielt er an einer Service-Station an und fragte nach der Richtung, wo der Reaktor gewesen war. Der Angestellte zeigte sie ihm dann. Die Explosion des Reaktors war in der ganzen Gegend allgemein bekannt, und trotzdem war das Ereignis nicht einmal in die Lokalzeitungen gelangt! Unglücklicherweise. Bud verfuhr sich leider, und so landeten wir schließlich in Kalifornien. Wir gelangten nie an unser Ziel.

Bud erzählte auch von einem geheimen Regierungsprojekt in den Aussenbezirken von Klamath

Falls. Dort war ein großes Gebäude vorhanden gewesen, das von bewaffnetem Sicherheitspersonal bewacht worden war, und von einem hohen Zaun umgeben gewesen war, den man nicht übersteigen konnte. Jeder in der ganzen Stadt fragte sich, welchen Zweck die Anlage hätte. Eines Nachts verschwand das ganze Ding samt Wachpersonal und Zaun plötzlich, ohne eine Spur zu hinterlassen. Offensichtlich war es einem der desintegrierenden Strahlen des Autors im Weg gestanden, als er noch mit Larry zusammengearbeitet hatte.

3. KAPITEL

WIE DER AUTOR MIT DER KRIMINELLEN POLITIK VON REGIERUNGSSTELLEN ZUR AUFRECHTERHALTUNG DES STATUS QUO IN KONTAKT KAM

Die amerikanische Regierung setzt schon seit langem ein hochwirksames Überwachungssystem ein, um jeden, den sie als potentielle Bedrohung für den Status quo ansieht, auszuspionieren und zu verfolgen. Wenn eine Person eine zu große Bedrohung wird, dann wird sie eliminiert. Zu diesem Zweck dient ihr der CIA. Natürlich wissen sie schon lange, dass der Autor die größte Bedrohung für sie darstellt, aber sie haben zu ihrem Leidwesen auch schon vor langer Zeit herausfinden müssen, dass er nicht ermordet werden kann. Trotzdem haben sie seine Überwachung nicht aufgegeben. Dies bedeutet, dass überall, wo sich der Autor aufhält und bewegt, ein CIA-Agent mit einer Abhöranlage postiert wird. Dies war auch der Fall in dem Wohnhaus in Portland in Oregon, in dem der Autor von 1975 bis 1998 lebte. Während dieser Zeit passierten viele ungewöhnliche Dinge, von denen allerdings nur ein paar in diesem Kapitel erwähnt werden sollen.

Kurz bevor der Autor nach Portland übersiedelte, hatte er eine zeitlang in Berkely in Kalifornien gewohnt. Während dieser Zeit lernte er ein Opfer der CIA-Überwachung kennen. Sein Name war Fred Lawless, und er war ein Elektronikgenie, der ein Antigravitationsgerät erfunden hatte, das eine wunderbare Bestätigung für die Gravitationstheorien des Autors darstellte. Nach ein paar Vorführungen seines Geräts fielen Regierungsagenten über ihn her und machten allen weiteren Experimenten ein Ende. Von diesem Zeitpunkt an war er ein gezeichneter Mann. Zu dieser Zeit besaß die Regierung Maschinen, mit denen man die Gedanken einer Person lesen konnte, aber die Entfernung, über welche dies möglich war, war ziemlich begrenzt. Diese Technik hatte man von bestimmten bösartigen Ausserirdischen übernommen, mit denen die Regierung zusammenarbeitete. Hierauf wird in einem späteren Kapitel noch näher eingegangen.

Der neue Bekannte des Autors erzählte ihm, dass er in ein Krankenhaus gegangen war, um sich untersuchen zu lassen. Während seines Aufenthalts dort wurde eine illegale Operation an ihm ausgeführt und ein Implantat in sein Gehirn verpflanzt, um seine Gehirnwellen zu verstärken. Dies ermöglichte es den Agenten, seine Gedanken über eine größere Entfernung zu lesen.

Als er das Krankenhaus verließ, wusste er nicht, was man mit ihm angestellt hatte. Später litt er jedoch unter Kopfschmerzen und Gedächtnisproblemen. Eine Röntgenaufnahme zeigte schließlich das Implantat, aber er konnte keinen Arzt finden, der es gewagt hätte, es ihm zu entfernen. Er hatte von den Kräften des Autors gehört und bat ihm um Hilfe. Der Autor projizierte Energien auf das Implantat, wodurch dieses dematerialisiert wurde. Er besitzt heute noch einen Brief dieses Mannes, in dem er dem Autor für seine Hilfe dankt.

Die ersten Jahre seines Aufenthalts in dem genannten Wohnhaus in Portland war sich der Autor nicht bewusst, dass auch ein CIA-Agent dort lebte. Die ganze Sache kam ins Rollen, als 1980 ein Mann und eine Frau indianischer Abstammung in das Haus einzogen. Sie besaßen große mediale Fähigkeiten und waren in der Lage, Astralreisen durchzuführen. Sie erkannten sehr schnell, dass es sich bei dem Autor um keinen normalen Bürger handeln könnte und begannen ihm ihr Vertrauen zu schenken. Die beiden hatten mit ihren Astralkörpern versucht, in das Innere des Vatikans einzudringen, aber ein Schutzschild hatte sie davon abgehalten. Sie wussten, dass es dort viele aussergewöhnliche Dinge gab, die streng geheim waren. Der Autor erklärte sich bereit, ihnen dabei zu helfen, diesen Schutzschild auszuschalten, was er dann auch tat. Sie fanden eine große Bibliothek mit unbezahlbaren Büchern und Manuskripten und zusätzlich einen gigantischen Kristall vor, der die Größe eines Zimmers besaß. Ausserdem lagerte dort mindestens genausoviel Gold wie in Fort Knox, selbstverständlich neben vielen anderen Dingen. Der Kristall war sicherlich das Überbleibsel einer vorzeitlichen Zivilisation. Das Paar spürte, dass er für bösartige Zwecke verwendet wurde und dass er deswegen zerstört werden musste. Sie waren sich allerdings darüber klar, dass dies aufgrund der gewaltigen Energie, die hierbei freigesetzt werden würde, in mehreren Schritten erfolgen musste. Der Autor benötigte sieben Tage, um ihn in einen Pulverhaufen zu verwandeln. Während dieser Zeit erlebte Nordafrika das größte Erdbeben seiner gesamten Geschichte. Offensichtlich führte eine Erdspalte vom Vatikan nach Afrika, über welche die Energien des Kristalls weitergeleitet worden waren. Der Autor fuhr dann mit seiner Arbeit fort und verwandelte das ganze Gold in eine allotrope Form, die eine wertlose lehmartige Masse darstellte. Es gibt viele allotrope Formen von bestimmten Elementen, von denen die akademische Wissenschaft keine Ahnung hat. Als Ergebnis dieser Dinge verlor die katholische Kirche einen großen Teil ihres Einflusses und ging fast bankrott.

Die neuen Bewohner fanden den CIA-Agenten, der sich in der Wohnung aufhielt, sehr suspekt. Aus seinem Zimmer drangen in der Nacht oft sehr seltsame Geräusche. Sie versuchten sein Zimmer astral zu besuchen, aber ein Schutzschild hielt sie draussen. Der Autor zerstörte dann diesen Schutzschild, und die Frau betrat mit ihrem Astralkörper das Zimmer. Was sie sah, versetzte sie in den Schockzustand. Der CIA-Agent war tatsächlich ein Werwolf und hatte die Verwandlung schon vollzogen. Aus einer pummeligen, kleinen Person hatte er sich in eine furchterregende Kreatur mit einer Größe von 2,10 m verwandelt! Er hatte sein Zimmer immer verschlossen, nachdem er es betreten hatte. In diesem Zustand hatte er Krallen und konnte deswegen den Schlüssel nicht umdrehen. Es befand sich eine Abhöranlage in seinem Zimmer. Der Ehemann des Paares hatte den Eindruck, dass der CIA ungefähr dreissig Werwölfe in seinen Diensten habe!

Der Autor hatte im Jahr 1977 begonnen, sein erstes Buch mit dem Titel “The Awesome Force” zu schreiben. Es wurde schließlich im Jahr 1982 veröffentlicht. Es enthielt viele stark behütete Geheimnisse der US-Regierung. Nachdem das Indianerpaar herausgefunden hatte, dass der Autor von der Regierung überwacht wurde, machten sie sich an den CIA heran. Eines Tages teilte die Frau ihm aufgeregt mit, dass der CIA plane, ihn wegen Verrat anzuklagen, falls das Buch herauskommen sollte. Der Autor erklärte dem CIA daraufhin den offenen Krieg und begann, seine Kräfte gegen diese Organisation einzusetzten. Er eliminierte alle Killer, die auf ihn angesetzt worden waren, und dezimierte diese bösartige Organisation immer mehr. Während dieser Ereignisse hatte die Frau das CIA-Hauptquartier in Washington D.C. astral besucht und gehört, wie ein Offizieller gesagt hatte, dass einem Dämon wie dem Autor nicht erlaubt werden sollte, auf irgendeinem Planeten zu leben. Eine kurze Zeit später erschien im "Oregonian" ein kurzer Artikel mit dem Titel "CIA Gutted". Er besagte, dass der Direktor des CIA Stansfield 900 Agenten gefeuert hatte. Natürlich handelte es sich hierbei nur um einen lächerlichen Versuch, das mysteriöse Ableben oder Verschwinden von 900 Agenten hinwegzuerklären. Kurz vor der Amtsübernahme durch Reagan stellte ein Artikel im "Oregonian" aus dem Jahr 1981 folgendes fest: "Die Moral und die Leistungsfähigkeit des CIA hat einen neuen Tiefstand erreicht. Der Patient kann nur durch drastische Operationen gerettet werden."

Es gelang dem CIA jedoch, die Verleger seines ersten Buches und diejenigen des zweiten zu zwingen, den größten Teil der ihm zustehenden Lizenzgebühren zurückzuhalten. Es gibt genügend Gründe anzunehmen, dass beide Bücher Bestseller waren. In einigen Kreisen erzeugten sie eine Sensation. Der Autor besaß einmal zwei große Schachteln voller Briefe aus aller Welt, in denen das Buch gelobt wurde.

Ein aussergewöhnlicher Zwischenfall, der sich während der Arbeiten an dem ersten Buch des Autors ereignete, zeigte dass er tatsächlich von höheren Wesen beobachtet wurde. In einer Zeitung hatte er die Anzeige einer Frau gefunden, die behauptete, das größte Medium der Welt zu sein. Dies war noch bevor das Indianerpaar in das Haus eingezogen war. Mit dem Wunsch mehr darüber zu erfahren, was sich hinter den Kulissen abspielte, verabredete er sich mit dieser Frau. Sie verhielt sich so, als ob die Anzeige nur zu seinem Nutzen in die Zeitung gesetzt worden wäre. Anstatt dem Autor eine Deutung zu geben, bemerkte sie, dass ihm irgendetwas Böses angetan worden sei. Um herauszufinden, ob sie ihm helfen könne, meinte sie, dass sie ihn erst testen müsse. Er wurde angewiesen, Garn zu besorgen. Am nächsten Tag tat er dies dann auch. Sie riss ein Stück von dem Garn ab und machte Knoten hinein, wobei sie die Enden jeweils fest anzog. Dann überreichte sie das Stück Garn dem Autor und wies ihn an, noch zusätzlich ein paar weitere Knoten hineinzumachen. Er fügte dann ungefähr noch ein Dutzend hinzu. Sie forderte ihn dann auf, die Knoten wieder zu lösen! Es wäre schon fast unmöglich gewesen, nur einen der festen, übereinanderliegenden Knoten aus dem Garn herauszumachen. Die Oberfläche derjenigen Abschnitte des Garnes, die sich berühren, ist im Vergleich zur Menge des Materials riesig. Die Kraft, die notwendig wäre, um die Oberflächen übereinandergleiten zu lassen, wäre so groß, dass das Garn abreissen würde. (Ausserdem kann ein umso festerer Knoten geknüpft werden je dünner das Garn oder der Faden ist). Falls dies aber doch möglich wäre, dann wäre hierzu auf jeden Fall ein Mikroskop und ein Mikrowerkzeug notwendig. Zu seinem eigenen Erstaunen konnte der Autor alle Knoten in weniger als zwei Minuten lösen! Er hat nie eine Person gesehen, die erstaunter und ängstlicher gewesen wäre. Ihre Augen traten hervor, und alles was sie sagen konnte, war: "Oh, mein Gott, oh, mein Gott" usw. Der Autor könnte diese Tat heute genauso wenig wiederholen, wie er auf den Mond fliegen könnte. Diese Aufgabe war wesentlich schwieriger gewesen, als einen gordischen Knoten zu lösen.

Als sie schließlich ihre Fassung wieder zurückgewonnen hatte, teilte sie dem Autor mit, dass ihm ein Dämon eingepflanzt worden sei, der beseitigt werden müsse. Er wurde angewiesen, sich eine halbreife Tomate zu besorgen und diese dann in der Nacht unter sein Kopfkissen zu legen. Am nächsten Tag sollte er die Tomate in seine Tasche legen und ihr zurückbringen. Dies tat er dann auch. Sie schnitt die Tomate auf, und im Innern kam ein menschlicher Miniaturkopf samt Haaren und allem zum Vorschein! Sie spülte ihn die Toilette hinunter. Daraufhin verschwanden bestimmte körperliche Symptome und eine glücklichere Zeit folgte.

Über die ganzen Jahre hinweg ist der Autor vielleicht aus dem geistigen Bereich mehr mit Beschlag belegt worden als je ein anderer Mensch in der ganzen Geschichte. Schon in den späten Vierziger Jahren war ein Hindumeister, den der Autor kannte, über die große Zahl von Projektionen, die gegen ihn gerichtet waren, erstaunt. Er war fast jede Nacht geistigen Angriffen ausgesetzt. Die Mentoren dieses Hindumeisters, von denen einige aufgestiegende Meister aus Indien waren, mussten lang und hart arbeiten, um ein stärkeres Schutzschild um den Autor herum aufzubauen. Glücklicherweise ist ihnen dies gelungen.

Der letzte Anschlag auf das Leben des Autors wurde im Jahr 1981 durchgeführt. Offensichtlich hatte der CIA eine neue Geheimwaffe, die sie gleich an ihm testen wollten. Eines Sonntagnachmittags machte er sich auf den Weg zu einem Markt, der ungefähr 800 m von seiner Wohnung entfernt ist. Auf dem Weg dorthin traf er auf den besagten CIA-Agenten, der ein Werwolf war. Er war normalerweise ziemlich freundlich, aber diesmal hielt er sich fern und schien nervös zu sein. Ein paar Straßen weiter fand der Autor dann die Gründe hierfür heraus. Plötzlich gab es eine ohrenbetäubende Explosion in der Nähe seiner Ohren, welche das Fenster eines Geschäftshauses in der Nähe herausblies. Der Autor wurde wütend und forderte die Verantwortlichen auf, nach draussen zu kommen. Auf dem Rückweg fand er einige Polizisten in dem Geschäft vor. Es wurde kein Sprengsatz innerhalb oder ausserhalb des Geschäfts entdeckt.

4. KAPITEL

UFO-KONTAKTLER, DIE FRÜHER SEHR BEKANNT WAREN UND HEUTE GRÖßTENTEILS IN VERGESSENHEIT GERATEN SIND

Die Berichte von zahlreichen Kontaktlern in Bezug auf andere Planeten stimmen völlig mit den Fakten überein, die von diesem Autor durch die Anwendung der von ihm entwickelten Wissenschaft abgeleitet worden sind. Howard Menger ist ein bemerkenswerter Fall in dieser Hinsicht. Er war zusammen mit Bürgern aus anderen Ländern auf den Mond gebracht worden und durfte auf der Oberfläche spazierengehen. Er machte keine Angaben in Bezug auf die Gravitationsverhältnisse. Er beschrieb jedoch einen gelben Himmel und einen safrongelben Horizont. (Diese Tatsachen hatte der Autor zuvor ebenfalls herausgefunden). Ausserdem stellte Menger fest, dass die Berge auf dem

Mond jene auf der Erde wie Ameisenhügel erscheinen lassen. Es gibt eindeutige Beweise, welche diese Behauptungen unterstützen. Wie der Autor in seinem Buch "The Ultimate Reality" festgestellt hat, ist der Mond in Wirklichkeit wesentlich größer, als allgemein angenommen wird. Er besitzt jedoch nicht annähernd die Masse der Erde, weil er eine dünnere Schale hat. Sogar Neill Armstrong bestätigte unabsichtlich die Größe des Mondes. Als er von einem Bekannten des Autors gefragt worden war, wie groß die Erde vom Mond aus betrachtet aussehe, hatte er folgende Antwort gegeben: "Ungefähr genauso groß wie der Mond von der Erde aus." Dieser Bekannte glaubte, dass er gelogen habe. Armstrong ist der einzige von den Astronauten, der noch als rechtschaffen bezeichnet werden kann. Er weigerte sich, über die Verhältnisse auf dem Mond zu lügen, so wie es die anderen Astronauten taten. Als er gleich nach der Apollo-11-Mission im Radio interviewt wurde, sagte er, dass die Gravitationsverhältnisse auf dem Mond völlig anders seien, als man erwartet habe. Er sagte auch, dass er Schwierigkeiten gehabt hätte, zurück in die Mondlandefähre zu gelangen, weil die unterste Sprosse der Leiter 90 cm über dem Boden angebracht war! Er war der einzige Astronaut, der nicht an dem publikumsträchtigen Treffen zur Feier des 25. Jahrestages der angeblich ersten Mondlandung teilnahm. Vielleicht hatte er die Achtung vor den anderen Astronauten verloren.

Die Höhe der Berge auf dem Mond wurde aufgrund des angeblichen Durchmessers des Mondes von ca. 3 500 km berechnet, und danach sollten sie genauso groß sein wie jene auf der Erde. Wenn der Mond allerdings in Wirklichkeit fast genauso groß ist wie die Erde, dann müssen einige so hoch sein, wenn nicht noch höher als der Olympus Mons auf dem Mars, der ungefähr 25 km hoch ist! Durch Radaraufnahmen wurden genaue Messdaten der Oberflächenstruktur des Mars erhalten, z.B. in Bezug auf den Durchmesser der riesigen Vulkane und die Länge des großen Senkungsgrabens. Wenn man diese Werte mit dem Gesamtdurchmesser ins Verhältnis setzt, kommt man auf einen Durchmesser des Mars von ungefähr 18 000 km. Der Autor war schon zuvor aus rein theoretischen Überlegungen zu einem ähnlichen Ergebnis gelangt. Dieser Wert ist meilenweit von den 6 800 km entfernt, welchen unsere Astronomen angeben.

Auch andere Berichte von Menger scheinen der Wahrheit zu entsprechen. Z.B. behauptete er, dass er einen Vortrag eines ausserirdischen Meisters gehört hatte, worin dieser folgendes festgestellt hatte: "Es kann weder Zeit ohne Bewegung noch Bewegung ohne Zeit und keine von beiden ohne Geist geben." Dies widerspricht selbstverständlich den Konzepten heutiger Pseudotheoretiker, eingeschlossen Einstein, und steht vollkommen im Einklang mit den Schlussfolgerungen des Autors, zu denen er schon vor der Lektüre von Mengers Buch gelangt war. Mit ihren sinnlosen Begründungen behandeln die Wissenschaftler die Zeit als eine gewichtslose Einheit, die durch solche kranken Ausdrücke wie Zeitkrümmungen, Raumzeit etc. greifbar gemacht werden soll, anstatt eines der einfachsten Konzepte zu verwenden.

George Adamski war ein anderer sehr bekannter Kontaktler, dessen Berichte mit der Wirklichkeit übereinstimmten. Lange vor den Raumflügen beschrieb er ausserhalb der Fenster des Raumschiffes, mit dem er mitreiste, Dinge, die ähnlich wie Leuchtkäfer aussahen. Die späteren Astronauten beschrieben die gleiche Erscheinung. Der Autor weiß, um was es sich dabei gehandelt hat und hätte das Phänomen voraussagen können. Adamski wurde ebenfalls auf den Mond mitgenommen, und sein Bericht stimmt mit dem von Menger überein. Er erwähnte, dass er ein Pelztier gesehen hatte, das auf der Oberfläche des Mondes herumlief. Während der Autor einen Fernsehbericht vom Mond anschaute, sah er einen Astronauten, der die Mondlandefähre betrat, um sich eine Weile auszuruhen. Die Kamera, die dies aufzeichnete, befand sich ganz in der Nähe der Fähre. Plötzlich konnte man sehen, wie der Astronaut aus der Mondlandefähre ausstieg und zur Kamera hinrannte, die umzufallen schien. Später wurde dann behauptet, dass die Kamera umgefallen wäre. Zweifelsohne hatte er ein Tier gesehen, das an der Kamera herumgeschnüffelt hatte, und er war nach draussen gerannt, um es zu vertreiben. Interessanterweise fand das Laufen in einer absolut normalen Art und Weise statt, ausser dass es praktisch im Zeitlupentempo vor sich ging. Bei einer Gravitation von einem Sechstel derjenigen der Erde könnte man kaum laufen, nicht einmal mit einem Raumanzug. Bei jedem Schritt würde den Läufer weit über den Boden angehoben werden.

Adamski sprach auch von Wäldern und Städten, die auf dem Mond existieren. In Daniel Ross´ Buch mit dem Titel "UFOs and the Complete Evidence from Space" wird dies betätigt. Sein Buch enthält Fotos, die von der NASA aufgenommen worden waren, und die Wälder und große Wasseransammlungen auf dem Mond zeigen. Solche Fotos kann man in den USA nicht erhalten. Er musste nach Europa gehen, um sie sich zu besorgen.

Die Astronauten stießen während der Apollo-Missionen auf UFOs. Radiostationen in Kanada konnten einige Gespräche zwischen den Astronauten und ihren Ratgebern auf der Erde auffangen. Während der Apollo-11-Mission gerieten die Astronauten einmal vor lauter Angst fast aus dem Häuschen. Mehrere UFOs hatten sich ausserhalb der Mondlandefähre aufgereiht, nachdem diese auf der Mondoberfläche gelandet war. Ein Bericht dieses Zwischenfalls machte in einigen kanadischen Zeitungen Schlagzeilen.

Ein anderer Kontaktler aus den Fünfziger Jahren namens Truman Bethurum erzeugte einen ziemlichen Aufruhr, als er über sein Treffen mit einem Kommandeur eines Raumschiffs vom Planeten Clarion erzählte. Dieser Planet soll angeblich auf der gleichen Umlaufbahn wie die Erde sein, ausser dass er sich immer auf der gegenüberliegenden Seite der Sonne befindet. Dieser Kommandeur war eine kleinwüchsige Frau, die den Namen Aura Rhanes trug. Laut ihrer Angaben sind die Bewohner von Clarion kleiner als die Erdlinge. Bethurum verfasste ein Buch über seine Erlebnisse. Er war eine naive Person und stand mit beiden Beinen auf dem Boden. Einige Medien erzählten dem Autor, dass sie in seiner Aura keine Lügen entdecken konnten.

Ein späteres Buch über UFOs, das zusammen von Frank Scully und Desmond Leslie geschrieben worden war, war sehr Gedanken anregend. Leslie erwähnte in diesem Werk, dass er wüsste, dass Bethrun die Wahrheit sage, “weil dieser Mann nicht die Einbildungskraft habe, um eine solche Geschichte zu erfinden." Später berichteten andere Kontaktler von Zusammenkünften mit der gleichen Frau vom Planeten Clarion.

Ein anderer Kontaktler aus den frühen Fünfziger Jahren war ein Bauernjunge namens Frank Buck. Er verfasste ebenfalls ein Buch und zweifelsohne hatte er einen Ghostwriter, wie auch andere, eingeschlossen Orfeo Angelucci. Er stieß bei UFO-Gläubigen auf ziemlich viel Interesse, und sicherlich erzählte er die Wahrheit, da auch er nicht die Einbildungskraft besaß, um seine Geschichten einfach zu erfinden. Er trug während seiner Vorträge sogar Overalls. Einmal wurde er nach den Gravitationsverhältnissen auf dem Mond gefragt, da er ja angeblich sowohl dorthin als auch auf andere Planeten gebracht worden war. Er sagte, dass der Mond die gleiche Gravitation wie die Erde besäße. Dies diskreditierte ihn natürlich in den Augen vieler, da die Lehrbücher ja behaupteten, dass er nur ein Sechstel der Erdgravitation habe.

Nicht alle Geschichten von angeblichen Kontaktlern beruhen auf Wahrheit. Einer im besonderen, nämlich Bob Renaud, war sicherlich ein Lügner. Gabriel Greene veröffentlichte in seinen Nachrichtenblättern einen Bericht von Renaud, in dem dieser über seine Erlebnissen mit Ausserirdischen erzählte. Er sprach davon, dass die Gravitation auf dem Mond nur ein Sechstel der Erdgravitation betragen würde. Der Autor setzte seine wissenschaftliche Einsicht ein, um einige der Berichte von angeblichen Kontaktlern zu untersuchen. Er fand heraus, dass einige davon Erfindungen waren.

Bei allen genannten Kontakten mit den Ausserirdischen wurde Englisch gesprochen. Wie einigen Kontaktlern mitgeteilt worden war, wird auf vielen Planeten Englisch gesprochen. Dies ist nicht überraschend, denn die Menschheit stammt nicht von diesem Planeten, sondern wurde hier nur angesiedelt, woraus folgt, dass auch Englisch nicht von hier kommt. Es wurde von anderen Planeten hierher gebracht. Englisch entwickelt sich heute zu einer Universalsprache. Es gibt gute Gründe hierfür. Es gibt Konzepte und Wortbedeutungen, die in Englisch besser ausgedrückt werden können als in jeder anderen Sprache. Englisch enthält ausserdem mehr Wörter als jede andere Sprache. Es gibt bestimmte Lehrbücher in Spanisch sprechenden Ländern, die in Englisch geschrieben werden müssen anstatt in Spanisch. Dies ist auch in anderen Ländern der Fall. Meistens sind auch weniger Wörter notwendig, um bestimmte Dinge auszudrücken als in anderen Sprachen. Nach der Meinung des Autors kann die Zeit, um eine andere Sprache zu lernen besser dazu benutzt werden, um eine besseres Verständnis der englischen Sprache zu gewinnen, ausser vielleicht in speziellen Fällen. Die große Mehrheit der Englisch sprechenden Leute, sogar die sogenannten Gebildeten, besitzen ein geringes Verständnis dieser Sprache. Relativ wenige verwenden eine gute Grammatik. Mehr als 90% der sogenannten Intelligenzia gebrauchen immer “lay” oder “laying” anstatt “lie” und “lying”, und des öfteren hat der Autor Nachrichtensprecher gehört, die davon sprachen, dass irgendetwas “is laying on something”. Für gewöhnlich schrieb der Autor dann diese Sender an und gab seinen Kommentar über den entsprechenden Nachrichtensprecher ab, der nicht in der Lage gewesen war aufzuzeigen, was er eigentlich ausdrükken wollte. Die meisten Leute, die es eigentlich besser wissen sollten, gebrauchen ständig eine doppelte Verneinung, wodurch genau das Gegenteil dessen vermittelt wird, was diese Person eigentlich sagen wollte. Ein hoher Prozentsatz der Bevölkerung besteht aus Analphabeten.

Einmal erzählte Elary Wilsey dem Autor über seine Erlebnisse auf einem Planeten ausserhalb des Sonnensystems, auf den er teleportiert worden war. Die Leute sprachen Englisch, aber es wurde anders geschrieben. Die phonetischen Zeichen waren ihm fremd. Die Leute waren kleiner als die Erdlinge, und ihre Technik entsprach derjenigen des späten 19. Jahrhunderts auf der Erde.

Einer der prominentesten Kontaktler war Frank

Stranges, der auch heute noch Vorträge hält. Aufgrund einer Reihe von aussergewöhnlichen Umständen traf er mit einem Venusianer im Pentagon zusammen, der Valient Thor hieß, und der Strange seit dieser Zeit freundschaftlich verbunden geblieben ist. Stranges war dem Establishment ein Dorn im Auge, aber Thor, der große Kräfte besitzt, konnte jeden Versuch vereitelt, ihn zu eliminieren. Es gibt unter der Bevölkerung viele Ausserirdische, die sich als Erdlinge ausgeben, und Val Thor war einer von ihnen.

5. KAPITEL

TECHNOLOGIEN, DIE MIT HILFE AUSSERIRDISCHER ENTWICKELT WURDEN

Über den Roswell-Zwischenfall aus dem Jahr 1947 ist in letzter Zeit ziemlich viel veröffentlicht worden. Leute, welche die Überbleibsel des Raumschiffs, das abgestürzt war, und einige der toten Insassen gesehen hatten, wurden im Fernsehen interviewt. Bevor die amerikanische Armee eingreiffen und die Sache in die Hand nehmen konnte, hatten einige Leute schon verschiedene Gegenstände mitgenommen. Es stellte sich heraus, dass einige der Materialien nicht einmal von Diamantbohrern angegriffen werden konnten, obwohl sie biegsam waren. Einer derjenigen, die interviewt wurden, besaß eine metallische Folie, die leicht zusammengeknüllt werden konnte, aber ihre ursprüngliche Form wieder annahm, wenn sie losgelassen wurde. Sie war extrem leicht und härter als Diamant. Regierungsbeamte konfiszierten schließlich alles, was mitgenommen worden war, bevor die Regierung eingeschritten war. Jeder der darin verwickelt war, wurde bedroht und zum Schweigen gezwungen.

Der Autor würde sein Leben geben, um zu dieser Zeit an diesen Ort gewesen zu sein, um zu sehen, wie sie versucht hätten, *ihn* zum Schweigen zum bringen.

Einer der in diesen Zwischenfall und den hochgeheimen Ereignissen, die daraufhin folgten, verwickelt war, machte eine Filmaufnahme, in der er von seinen Erlebnissen berichtet. Die Dinge, die konfisziert worden waren, wurden verschiedenen Institutionen übergeben, um sie untersuchen und analysieren zu lassen. Viele der großen technologischen Fortschritte, einschließlich Glasfaseroptik, Computerchips, gedruckte Schaltkreise usw. stammen angeblich von diesen Untersuchungen. Es darf aber bezweifelt werden, dass sie bis jetzt einen Weg gefunden haben, um Metalle herzustellen, die einem Diamantbohrer widerstehen können. Allerdings kannte ein Freund und Kollege des Autors einmal einen bemerkenswerten Mann, der inzwischen verstorben ist, und der ein Metall herstellen konnte, das härter war als Diamant. Offensichtlich hat er sein Geheimnis mit ins Grab genommen. Er war zweifelsohne einer dieser Ausserirdischen, die unter uns leben. Der oben genannte Freund, Walt Kirshenman, war mit dem Autor länger befreundet als jeder andere (ungefähr 25 Jahre). Er besitzt die Fähigkeit, aussergewöhnliche Leute mit revolutionären Leistungen anzuziehen.

Einige, die ihn nicht kontaktierten, konnte er selbst finden. Der Autor lernte auch Fred Lawless durch ihn kennen. Walt ist auch selbst ein hochkompetenter Erfinder. Eine dieser aussergewöhnlichen Personen zeigte Walt einmal, was man mit einem geladenen Quarzkristall alles machen kann. Dieser kann als Cloudbuster oder als tödliche Waffe verwendet werden. Er kann sehr schnell die Wärme aus einem Objekt abziehen. Er behauptete, dass er damit das Wasser in einem Swimmingpool in Eis verwandeln könne. Allerdings verliert ein Kristall mit der Zeit seine Ladung. Er sagte, dass mindestens 20 000 Volt notwendig seien, um einen solchen aufzuladen. Es war jedoch nicht nur eine hohe Spannung notwendig, sondern auch eine hohe Stromstärke, um dies zu erreichen. Zweifelsohne lud er ihn auf, indem er ihn mit einer langen Stange verband und damit eine Hochspannungsleitung berührte. (Die vollständige Erklärung und Analyse all dieser Dinge ist im letzten Buch des Autors enthalten). Ein geladener Kristall kann zeitweise dadurch funktionsunfähig gemacht werden, indem man eine spezielle Kappe oder ein Abdekkung auf seine wirksame Seite setzt. Der Autor konnte die Wirksamkeit eines Kristalls teilweise bestätigen, als er einen Quarzkristall einem Van-de-Graff-Generator mit einer Spannung von 240 000 Volt aussetzte. Natürlich war die Stromstärke zu gering, um den Kristall auf eine höhere Ladung aufzuladen. Wenn er jedoch auf ein Thermometer gehalten wurde, zeigte dies einen Temperaturrückgang von ungefähr zwei Grad an.

Nicht jede Abteilung der U.S.-Regierung ist sich dessen bewusst, was die anderen Abteilungen wissen und machen. Es gibt bösartige Ausserirdische mit großem technologischen Wissen, die mit den höherrangigen Vertretern der Machtelite bei einigen Projekten eine zeitlang zusammengearbeitet haben. Hierauf wird in einem späteren Kapitel näher eingegangen. In den frühen Fünfzigern wurde ein Kollege von Walt Kirshenman Zeuge eines hochgeheimen Experiments in der Nähe von White Sands, das er eigentlich nicht sehen hätte dürfen. Es handelte sich zweifelsohne um eine Technologie, welche von einigen Ausserirdischen entwickelt worden war. Ungefähr 35 konkave metallische Spiegel wurden so angeordnet, dass das Licht, das auf einen von diesen abgestrahlt wurde, immer wieder reflektiert wurde, bis alle Spiegel im Einsatz waren. Die Spiegel besaßen einen Durchmesser von ca. 1,20 m. Sie wurden in eine solche Stellung gebracht, dass die Sonne zu einer bestimmten Zeit auf sie treffen würde. Wenn dies dann geschah, schlug das Licht, das vom letzten Spiegel in Richtung eines Berges reflektiert wurde, ein 60 m tiefes Loch in das Felsgestein! Die genaue Erklärung hierfür ist ebenfalls in dem vorhin genannten Buch des Autors zu finden. Mit künstlichem Licht ausreichender Stärke könnte man die gleiche Wirkung erzielen. Ein solches Gerät könnte dazu verwendet werden, um in sehr kurzer Zeit einen Tunnel zu bauen. Dies würde nur ein paar Minuten dauern, wohingegen man mit den heute verwendeten Maschinen Jahre benötigen würde. Es ist nicht schwer zu verstehen, weshalb diese Technologie nicht öffentlich verwendet wird.

Die Machtelite besitzt auch schon seit langer Zeit eine andere hochgeheime Technologie, womit die Leistungen Luzifers nachgeahmt und mit der Roboter oder künstliche Menschen hergestellt werden können, die vom Original nicht unterschieden werden können. Mit dieser Technologie können sie einen Amtsinhaber eliminieren, der ihnen im Weg steht und ihn durch einen programmierten Roboter (einen sogenannten Klon) ersetzen, der genauso aussieht wie er und dessen Erinnerungsvermögen besitzt. Man kann sich gar nicht vorstellen, wie viele Leute, die ein öffentliches Amt bekleiden, Roboter sind. Einer der Amtsinhaber, der angeblich ersetzt worden ist, war Jimmy Carter. Die Tatsache, dass der neue Jimmy Carter den Scheitel auf der anderen Seite trug als zuvor und bestimmte Exzentrizitäten aufwies, die das ursprüngliche Modell nicht aufwies, macht diese Sache ziemlich glaubwürdig. Der neue Carter sagte einmal nach einem Jogginglauf auf dem Land, dass er von einem Sumpfkaninchen angefallen worden sei!

Bei einer anderen Technologie, die ausserirdischen Ursprungs ist und die für bösartige Zwecke missbraucht wird, werden bestimmte Frequenzen im ELF-Bereich verwendet. Die Leute, die ihnen ausgesetzt werden, leiden an zahllosen geistigen und körperlichen Problemen. Die vollständige Analyse und die Gründe hierfür sind ebenfalls in dem neuen Buch des Autors zu finden. Anfang und Mitte der Achtziger Jahre startete die Machtelite ein Programm, das den Zweck hatte, bewohnte Gebiete in der ganzen USA mit ELF-Wellen zu bestrahlen. Sie wollten damit die Moral eines Großteils der Bevölkerung untergraben, um diese hierdurch besser unterdrücken und kontrollieren zu können. Zu dieser Zeit erkannte ein kluger Kopf aus der Gegend von Portland, was hier ablief und begann darüber öffentlich zu sprechen, woraufhin er von der Bildfläche verschwand. Ein Freund des Autors kennt mehrere Personen, welchen das gleiche Schicksal widerfahren ist. Einer kehrte nie mehr in seine Arbeit zurück, um seinen Lohnzettel abzuholen. Ein anderer, der bisher noch nicht geredet hatte, erhielt Besuch vom Großen Bruder, und es wurde ihm mitgeteilt, dass er seinen Mund halten solle, sonst ... Als dieser Freund den Autor hierüber informierte, wurde er wütend und schrieb diesem, dass er der ganzen Sache ein Ende bereiten und alle Beteiligten rechtschaffen dafür bezahlen lassen werde. Er wusste, dass es sich um ein Ziel handelte, das ihm gezeigt worden war. Der Autor erhielt schon bald eine Bestätigung, dass er in dieser Hinsicht erfolgreich gewesen war. Eine nahe Bekannte des Autors, welche ein Opfer der ELF-Strahlen gewesen war, hatte die Stadt für ein paar Tage verlassen. Als sie nach Portland zurückkehrte, spürte sie, dass die "Wolke", welche die Stadt zuvor umgeben hatte, verschwunden war. Sie bemerkte zudem, dass die Probleme, an denen sie gelitten hatte, nach ihrer Rückkehr nicht mehr auftauchten.

Es gab offensichtlich auch eine Zusammenarbeit zwischen Russland und der USA bei diesem Projekt. Eines der Opfer dieser ELF-Strahlen musste wie viele andere auch deswegen ins Krankenhaus gebracht werden. Dieses Opfer, das sehr medial begabt war, fühlte, dass einer der Krankenhausangestellten ein KGB-Agent war!

Obwohl der Autor dieses Projekt gestoppt hatte, plante die Machtelite und ihre skrupellosen Handlanger zum gleichen Zweck ein noch raffinierteres Projekt. Es ist als HAARP bekannt geworden, und natürlich ist den Leuten Glauben gemacht worden, das es einem wohltätigen Zweck diene. Es wurden riesige Summen in das Projekt gesteckt, und der

Bau dauerte Jahre. In Wirklichkeit sollte damit ein großer Teil der Erde mit ELF-Strahlen bombardiert werden. Die Anlage bestand aus einem großen Netzwerk aus Antennen und befand sich in einer abgelegenen Gegend in Alaska. Der Autor hatte hiervon keine Ahnung gehabt und zuvor noch nie etwas von HAARP gehört, bis ein früherer Bekannter ihm hiervon erzählte. Dies war Gene Davis. Der Autor hatte seit über zehn Jahren von ihm und seiner Frau nichts mehr gehört. Eines Tages erhielt er auf dem Telefonanrufbeantworter eine Nachricht von ihm, mit der Bitte ihn zurückzurufen. Er schien äusserst beunruhigt zu sein. Der Autor rief danach zurück, und Davis nannte den Tag und die Zeit, wann er vorbeikommen würde. Er und seine Frau kamen ungefähr 5 Minuten zu früh. Sofort erzählten sie ihm von HAARP und seinem wirklichen Zweck. Der Autor wurde auch darüber informiert, dass die Anlage schon in wenigen Tagen in Betrieb gehen sollte. Der Autor wusste sofort, dass es sich hierbei um ein Ziel handelte, dass er zerstören musste. Die folgende Nacht bombardierte er die Anlage aus allen Richtungen mit Neutronenstrahlen und verwandelte sie in eine große Wasserstoffbombe. Falls hierdurch ein großer Teil von Alaska erschüttert wurde (und der Autor hat Gründe, dies zu glauben), dann würde das Ereignis nie in irgendwelchen Zeitungen in Alaska oder sonstwo auftauchen. In Bezug auf HAARP ist es in den letzten Jahren ruhig geworden. Auch von den Davis hat der Autor seit dieser Zeit nichts mehr gehört. Auf jeden Fall wurde die Welt nicht mit diesen ELF-Strahlen bombardiert.

Natürlich stammt nicht die gesamte fortschrittliche Technologie, derer sich die Machtelite erfreut, von den Ausserirdischen. Auch der Autor hat ihnen eine solche Technik geliefert. Im Jahr 1958 schrieb er mehrere Abhandlungen, welche die etablierte Physik untergruben, und zeigten, dass Gravitationseffekte von einer hochdurchdringenden Strahlung im elektromagnetischen Bereich erzeugt werden. Einige Wissenschaftler, die für die Regierung arbeiteten, lasen einen Teil dieser Schriften. Dies führte dazu, dass Regierungsagenten einen älteren Pflegebruder des Autors, der Elektroingenieur war, als Mittelsmann benutzten, um alle Informationen aus dem Autor herauszuziehen, da er mit diesem Bruder in Kontakt stand und dieser einige seiner Berichte erhalten hatte. Er fragte nach dem Frequenzbereich dieser Gravitationsstrahlen, die der Autor ihm dann auch mitteilte. Die entsprechenden Wellenlängen liegen im Bereich zwischen 0,3 und 4,3 mm. Bis zu diesem Zeitpunkt gab es noch keine Technologie, mit der solche Frequenzen mit einer gleichmäßigen Leistung erzeugt werden konnten. Erst durch die Entwicklung der Maser wurde dies möglich. Die Richtigkeit seiner Voraussagen wurden bald durch Experimente bestätigt. Dies führte zu einem Aufruhr unter den Wissenschaftlern, und Gerüchte über die Entdeckung eines Antigravitationsgeräts wurde in Umlauf gesetzt, woraufhin Regierungsagenten eingriffen und die Urheber dieser Gerüchte zum Schweigen brachten.

Es war natürlich klar, dass diese Entdeckung als ultimatives Antriebsmittel verwendet werden konnte. Alles, was der Strahlung im Weg stand, würde hierdurch in die entgegengesetzte Richtung beschleunigt werden. Da allen Körpern, die sich im Weg befinden, die gleiche Beschleunigung mitgeteilt würde, würde man z.B. innerhalb eines Raumschiffes keiner Kraft ausgesetzt werden, egal wie hoch die Beschleunigung ist. Hierdurch konnte auch die Fähigkeit von UFOs erklärt werden, bei hohen Geschwindigkeiten plötzliche 90°-Richtungswechsel zu vollziehen. Die Prinzipien, die in diesen Berichten offengelegt wurden, bildeten auch die Grundlage für andere Entdeckungen. Um das Durchsickern jeglicher weiterer Informationen zu verhindern, wurde beschlossen, die weiteren Experimente und Forschungen in einem geheimen Untergrundlaboratorium in einer abgelegenen Gegend durchzuführen. Sie wählten Labrador aus und machten den Pflegebruder des Autors zum leitenden Ingenieur des Projekts. Natürlich war es notwendig, seinen Tod vorzutäuschen. Man behauptete, dass er während eines Ausflugs in der Wildnis verschollen sei. Bevor er den angeblichen Ausflug unternommen hatte, hatte er eine Lebensversicherung über 30 000 Dollar abgeschlossen und seinen Vater zum Nutznießer gemacht, wobei die Regierung sich bereit erklärt hatte, die 30 000 Dollar zu zahlen. Eine Versicherungsgesellschaft ist nicht dazu verpflichtet, die Versicherungssumme vor einem Zeitraum von sieben Jahren auszuzahlen, wenn keine Leiche vorhanden ist. Und trotzdem zahlte sie in diesem Fall das Geld wie ein Spielautomat aus. Der Rest der Familie schrieb dies der Brillanz des Familienanwalts zu. Der Informant des Autors, Larry, hielt ihn über alles auf dem Laufenden. Nach der Amtsübernahme von Präsident Kennedy im Jahr 1961 ging er nach Europa. Auf den Rückweg machte er in Labrador halt! Dafür gibt es normalerweise keine Erklärung. Jeder, der eine Landkarte studiert, wird feststellen, dass Labrador weit ab vom Weg liegt. Natürlich hatte er dort Halt gemacht, um das Geheimlaboratorium zu inspizieren.

Als Folge all dieser Dinge besaß die NASA schon lange vor den Apollo-Missionen interplanetarische Raumschiffe, und es wurden auch schon ungefähr ein Jahrzehnt vor der Apollo-11-Mission Menschen auf den Mond geschickt! Der monströse

Schwindel für die Öffentlichkeit und die offensichtichen Diskrepanzen in den Fernsehaufnahmen werden in den Büchern des Autors klar und deutlich aufgezeigt. Der Schwindel geht auch heute noch mit den Space-shuttles weiter.

Das folgende ist ein Ausschnitt aus einer Kritik, die über das erste Buch des Autors im Jahr 1982 von Richard Clark veröffentlicht wurde:

SYSTEMTECHNOLOGIE: DAS TOR ZUR WISSENSCHAFT

Ich bin mir der Zweifel vieler meiner Leser dieser Zeitschrift bewusst. Ich begrüße Zweifel, denn sie sind eine Grundlage für das wissenschaftliche Denken. Jedes Prinzip und jedes Axiom sollte in Frage gestellt werden. Unglücklicherweise stellen die Wissenschaftler nur neue Daten in Frage, welche die etablierten Lehren angreifen und nicht die falschen Dogmen, die ihnen in der Schule gelehrt werden. Wenn jemand glaubt, dass er die Antworten schon weiß, dann wird er nie die richtigen Fragen stellen. Wenn jemand sich weigert, die falschen Dogmen als Wahrheit zu betrachten, dann wird er kein Diplom erhalten und von lukrativen und prestigeträchtigen Stellungen ausgeschlossen. Meine Zweifel an den heutigen Prinzipien der Physik begannen damit, dass ich von der Abteilung für

Physik meiner Universität gebeten wurde, meine Studien in diesem Bereich einzustellen, dass ich danach versuchte, den Doktortitel der Mathematik zu erhalten und begann nach der Wirklichkeit zu suchen.

Nachdem sie “Awesome Force” von Joseph H. Cater gelesen haben, die Experimente durchdacht und vielleicht einige der besprochenen Geräte gebaut haben, werden sie zu der schockierenden Erkenntnis gelangen, dass die Wissenschaft, wie sie zur Zeit an den Universitäten gelehrt wird, ein Märchen und eine völlige Farce ist. Sie besteht aus absoluten Lügen und aus nichts als Vermutungen. Sie stellt nur ein politisches und soziales Instrument der Gedankenkontrolle durch die “Machtelite” dar.

Die “Machtelite“ hat im Bereich der Finanzwelt, Geschichte, Medizin, der Gesetzgebung usw. eine gewaltige Lügenmaschinerie am Laufen, aber die Lügen der Wissenschaften sind bisher noch nicht offengelegt worden. Hierdurch wird man dann auch verstehen, welchen Zweck die anderen Lügen haben und wem sie nutzen. Von der Wissenschaft wird angenommen, dass sie die Wirklichkeit tatsächlich und repräsentativ darstellt -- und keine Sammlung von Mythen ist, welche das Kontrollsystem der “Machtelite” unterstützt. Institutionen wie Princeton, M.I.T., Stanford, Cal. Tech., Oxford, Cambridge etc., die ein hohes Ansehen genießen, stellen nichts anderes als Seminare dar, um Leute heranzuziehen, welche die Priesterschaft nicht in Frage stellen. Die angeblich großen Namen der Wissenschaft wie Einstein, Oppenheimer usw. waren und sind nichts anderes als politisch motivierte, niedliche Reptilien. Ihre wilden, halbfertigen Theorien wie Schwarze Löcher, Raum-Zeit-Krümmungen, mehrdimensionale Universen, der Urknall, Quarks, Neutrinos, die duale Natur des Lichtes, die Relativitätstheorie usw. sind reine Fantasien. Die Schriften und Zeitschriften der "Wissenschaft" sollten in den Bibliotheken in Wirklichkeit eher unter Science-Fiction eingeordnet werden.

Die kleine wissenschaftliche Gemeinde der "Machtelite" benutzt keine gefälschten Daten. Sie verwendet Fliegende Untertassen, Teilchenstrahlwaffen, Antigravitationssysteme, Freie-Energie-Geräte usw., wie dies von Cater angedeutet wird. Tatsächlich erfuhr die Regierung erst durch den Diebstahl von Caters Daten von den meisten dieser erstaunlichen Entdeckungen. Nur sie und ich, die Nichteingeweihten, sind vom Wissen der Realität ausgeschlossen worden. Die "Machtelite" tat dies natürlich nur zu unserem Besten -- und natürlich auch aus Gründen des Profits und der Kontrolle. Denken sie nur an die Billiarden von Dollars, die allein für das Verteidigungs- und Raumfahrtprogramm verschwendet wurden, ganz zu schweigen von Billionen, die im Energiebereich über die Jahre hinweg ergaunert wurden. Die erstaunliche Sache ist, dass die Machtelite bisher damit durchgekommen ist -- bis jetzt. In Caters Buch werden unter anderem folgende Themen angesprochen:

1. Die Gravitationswirkungen werden durch eine hochdurchdringende Strahlung im Bereich des elektromagnetischen Spektrums erzeugt, die eine Frequenz von einer Billiarde Hertz besitzt und sich genau über der Radarfrequenz und unterhalb des Infrarotbereichs befindet. Die NASA hat schon seit Jahren Geräte zu ihrer Verfügung, in denen Antigravitationsstrahlen verwendet werden.
2. Jahre vor den Apollo-Missionen besaß die NASA interplanetarische Raumschiffe. Die UFOs sind Wirklichkeit, und sie stammen von der Erde!
3. Die Erde ist hohl und besitzt riesige Höhlen.
4. "Freie-Energie-Geräte" können sehr leicht gebaut werden.
5. Der Mond besitzt eine hohe Oberflächengravitation (ungefähr so groß wie jene der Erde) und eine dichte Atmosphäre, die mit derjenigen der Erde verglichen werden kann.
6. Es sind schon Geräte entwickelt worden, mit denen Gegenstände unsichtbar und untastbar gemacht werden können.
7. Pyramiden und Reichs Geräte werden erklärt.
8. Psychische Phänomene werden erklärt.

6. KAPITEL

WENIG BEKANNTE UND UNTERDRÜCKTE TATSACHEN IN BEZUG AUF DIE GEOGRAFIE DER ERDE

Vor ein paar Jahrzehnten schrieb ein bekannter ehemaliger Llama und Mönch namens Labsang Rampa einige Bücher über seine Erfahrungen und metaphysischen Prinzipien, wie diese im Fernen Osten gelehrt werden. Die Bücher erfreuten sich beträchtlicher Popularität. Allerdings ist ein Buch, vielleicht das letzte, das er schrieb, nicht so bekannt geworden. Es ist auch das kürzeste seiner Bücher. Es handelt von seinen Reisen auf die Venus in einem UFO, als er noch ein Junge war. Er fand dort eine bewohnbare Oberfläche vor. Als "Chela" wurde er auf eine Expedition in das Man-Shan-Hochland mitgenommen. Während dieser Expedition mussten die Teilnehmer 9 200 Höhenmeter überwinden, was ca. 300 mehr als die angebliche Höhe des Mount Everest ist. Sie betraten schließlich ein Shangri-La-ähnliches Tal, das zwischen Bergen gelegen war, die wesentlich höher als der Mount Everest waren. Am Grund des Tales standen mehrere fliegende Untertassen. Sie betraten eine von diesen und flogen Richtung Venus. Das Licht der sichtbaren Planeten eingeschlossen der Venus bezeichnete er als irgendwie verzerrt. Dies wurde dadurch erklärt, dass sie mit Überlichtgeschwindigkeit flogen! Die dichte Wolkendecke, welche die Venus umgibt, bestand natürlich aus Wasserdampf und nicht aus Schwefelsäure, wie von unseren nicht gerade als intelligent zu bezeichnenden Astronomen behauptet wird.

Rampas Berichte über diese Berge in Tibet wurden im Zweiten Weltkrieg durch Piloten der amerikanischen Luftwaffe bestätigt. Die Luftwaffe flog zu dieser Zeit mit B-29-Bombern regelmäßig von Bombay nach Kun Ming in China. Des öfteren wurden sie hierbei von japanischen Kampfflugzeugen von ihrem Kurs abgedrängt. Einmal fanden sie sich zwischen schroffen Bergen wieder, von denen einige zu hoch waren, um sie zu überfliegen. Und dies trotz der Tatsache, dass ein B-29-Bomber eine maximale Flughöhe von fast 12 000 m besitzt! Einige der Flugzeuge kehrten nicht zurück. Bei einem bemerkenswerten Fall handelte es sich um einen Piloten, der sich bei bedecktem Himmel im Blindflug befand. Er funkte seiner Einsatzzentrale, dass er die Orientierung verloren habe. Er flog auf einer

Höhe von 9 900 m und glaubte, dass er dort sicher sei. Plötzlich begann er zu schreien, weil sich ein Berg vor ihm aufgetürmt hatte, an welchem das Flugzeug dann zerschellte.

Einige der Piloten brachten Fotos mit, die sie von diesen Bergen gemacht hatten, die äusserst beeindruckend waren. Ein früherer Bekannter des Autors war während des Krieges bei der Luftwaffe in Indien stationiert. Einer seiner Kumpane, der eine B-29 flog, erzählte ihm von einem Vorfall, der sich ereignete, als er über dem Himalaja unterwegs war. Er hatte bei bewölktem Himmel die Orientierung verloren und war auf Berge getroffen, über die er nicht hinwegfliegen konnte. Er zog die B-29 auf die maximale Flughöhe von fast 12 000 m, aber trotzdem musste er um den Berg herumfliegen. Aufgrund des bewölkten Himmels konnte er nicht sehen, wo die Berge aufhörten. Er war glücklich, dass er schließlich heil in Kun Ming ankam. Tatsächlich behauptete der Pilot, dass es in einer Höhe von fast 12 000 m längere Zeit gedauert hatte, diesen Berg zu umfliegen!

Nach dem Krieg wurden Expeditionen in dieses Gebiet unternommen, aber keine war erfolgreich. Der Autor konnte die Gründe hierfür herausfinden. Der erwähnte Hindumeister teilte ihm mit, dass diese Berge, die höchsten auf der Welt, für die mächtigen Llamas, die dort leben, als heilig gelten.

Für Aussenstehende ist der Zutritt zu diesem Gebiet verboten. Sie halten die Leute durch geistige Beeinflussung fern. Offensichtlich wurden sie im Zweiten Weltkrieg von den amerikanischen Luftwaffenpiloten beim Schlafen erwischt.

Das bisher gesagte zeigt die unglaubliche Absurdität der ständigen Behauptungen, dass der Mount Everest der höchste Berg der Welt ist. Tatsächlich ist der Mount Everest nicht einmal annähernd 8900 m hoch. Ein Barometer, das mit auf den Mount Everest genommen wurde, zeigte eine Höhe an, die ungefähr 450 m geringer war, als die gemessene Höhe. Die tatsächliche Höhe eines Berges gemessen von seinem Fuß wird aufgrund der Brechungseffekte der Atmosphäre und jener, die durch Orgonkonzentrationen, welche am Boden höher sind als am Gipfel des Berges, entstehen, immer geringer sein, als die Höhe, die durch Triangulation bestimmt wurde. Das Licht vom Gipfel wird nach unten gebrochen, so dass der Gipfel höher erscheint, als er in Wirklichkeit ist. Der Autor fand heraus, dass dies der Wahrheit entspricht, als er einen Höhenmesser bei herrlichem Wetter auf den Gipfel eines Berges mitnahm, dessen Höhe durch Triangulation bestimmt worden war. Er fand einen Fehler in der Größenordnung von ungefähr 10% in Bezug auf die Höhe gemessen vom Fuß des Berges heraus.

Wie zu erwarten, versuchten sogenannte Wissenschaftler die Diskrepanz in der Höhe des Mount Everest mit ihren üblichen unsinnigen Begründungen hinwegzuerklären. Aus den genannten Tatsachen ist es klar, dass es Berge gibt, welche sagenhafte 5 km höher sind als der Mount Everest! Man mag sich vielleicht fragen, weshalb auf Satelitenaufnahmen diese Berge nicht zu sehen sind. Bis heute ist noch keine einzige Satelitenaufnahme der östlichen Hemisphäre veröffentlicht worden! Ein unretuschiertes Bild würde zweifelsohne Berge zeigen, die den Himalaja zwergenhaft erscheinen lassen, und es würde auch eine große Öffnung in das Erdinnere in der Region des magnetischen Südpols zeigen. Diese ist tatsächlich wesentlich weiter vom geografischen Südpol entfernt als die nördliche Öffnung vom geografischen Nordpol. Folgedessen würde dieser Bereich auf einer Satelitenaufnahme wie ein geschwollener Daumen aussehen. Die Routen, welche die Astronauten bei ihren Erdumkreisungen geflogen sind, liegen in beträchtlicher Entfernung vom Nan-Shan-Hochland. Sie haben allerdings nette Bilder vom Mount Everest aufgenommen.

Wahrhaftigkeit ist ein wichtiger Bestandteil der Religion der Llamas wie Rampa, dessen Berichte die Behauptungen der Astronomen in Bezug auf die Venus Lügen strafen. Frühe Aufnahmen der

Venus, die von einer Sonde gemacht wurden, zeigen eine Landschaft, die derjenigen der Erde, des Mars oder des Mondes ähnelt. Trotzdem wurde in einer Fernsehsendung des Senders OPB kürzlich behauptet, dass die aufgenommenen Bilder eine Landschaft zeigten, die auf Oberflächentemperaturen von 1 000 Grad und Schwefelsäurewolken hindeuten. Ausserdem wurde behauptet, dass die Sonden nach der Landung auf der Oberfläche in kurzer Zeit verbrannten. In dieser Fernsehsendung wurden auch "wissenschaftliche" Gründe für diese extremen Verhältnisse genannt. Der Autor schickte sofort einen Brief an die Produzenten der Sendung, in dem er sie als Lügner bezeichnete und lieferte ihnen unzweifelhafte Beweise, dass sie tatsächlich Lügner wären. Wie nicht anders zu erwarten, erhielt er nie eine Antwort von ihnen. Die Märzausgabe des Jahres 1999 des *Scientific American* enthält einen Artikel, der inhaltlich praktisch völlig mit den in dieser Fernsehsendung aufgestellten Behauptungen übereinstimmt. Solche Zeitschriften propagieren weiterhin Lügen, von denen sie wissen, dass es Lügen sind. Genauso quasseln die sogenannten theoretischen Physiker weiterhin über solche Absurditäten wie Schwarze Löcher, Mehrdimensionalität, Zeitkrümmungen, Neutrinos, Quarks, usw., von denen sie wissen, dass es sich hierbei um völligen Unsinn handelt. Der Autor hat sie oft auf diesen Quatsch, den sie propagieren, angesprochen, aber sie antworten ihm nicht, weil sie wissen, dass sie ihm geistig weit unterlegen sind. Die Sache sprach sich herum. Vor einiger Zeit waren einige von ihnen dumm genug, um den Autor herauszufordern, worauf sie dieser in die Schranken verwies. Dem Autor gefällt es auch weiterhin, sie zu verhöhnen und ihren Mangel an Rechtschaffenheit herauszustellen, und darauf hinzuweisen, dass in der akademischen Physik nicht ein hochgradiger Denker vorhanden ist.

7. KAPITEL

UNGEWÖHNLICHE UFOS

Charles Fort war die erste Mensch in der modernen Zeit, der über UFOs schrieb. Er verbrachte den größten Teil seines Lebens damit, sich in großen öffentlichen Bibliotheken durch alte und neue Zeitschriften durchzuarbeiten, um nach dem Aussergewöhnlichen und Unerklärlichen Ausschau zu halten. Er schrieb vier Bücher über seine Funde, die zusammen mehr als 1 000 Seiten ausmachen. Diese Funde decken einen großen Bereich von Themen ab, der auch UFOs einschließt. Ein bemerkenswerter Fall in dieser Hinsicht war Anfang dieses Jahrhunderts ein von den Astronomen beobachtetes spindelförmiges Objekt, das sich durch das Sonnensystem bewegte. Es schien von der Anziehungskraft der Planeten und auch der Sonne nicht beeinflusst zu werden. Der aussergewöhnlichste Aspekt war jedoch, dass es größer war als die Venus! Es gibt eindeutige Beweise dafür, dass

Raumschiffe, die so groß sind wie Planeten, der Erde bei einigen Gelegenheiten sehr nahe gekommen sind, da in einigen Gebieten die Sonne längere Zeit nicht zu sehen war und dort praktisch Nacht herrschte. Fort nennt solche Vorfälle.

Während seiner Vorträge sprach der bekannte Ufologe Dan Fry oft von Leuten, die ihr ganzes Leben nur auf Raumschiffen, die so groß wie Planeten sind und auf denen innen und aussen erdähnliche Bedingungen herrschen, verbracht haben. Es müssen Jahrhunderte für die Konstruktion eines solchen Schiffes aufgewendet werden. Das hierfür notwendige Material könnte vielleicht von großen Planeten wie dem Jupiter stammen, der tatsächlich einen Durchmesser von 370 000 km und nicht von 140 000 km besitzt, wie die Astronomen behaupten. Die Leute, die auf einem solchen Raumschiff leben, hätten im Gegensatz zu jenen, die auf einem Planeten eingeschlossen sind, einen Vorteil: Sie könnten überall im Universum herumreisen und trotzdem die gleichen Lebensbedingungen wie auf einem Planeten genießen.

Nicht alle UFOs sind Raumschiffe. Einige davon sind tatsächlich Lebensformen, die mit Leichtigkeit durch den Raum reisen können. Der berühmte Ufologe Trevor James Constable lieferte eindeutige Beweise, dass solche Kreaturen existieren. Er schrieb mehrere Bücher, die wirklich lesenswert sind. Er war wahrscheinlich einer der Hauptverfechter von Wilhelm Reich. Er baute einen sorgfältig konstruierten Cloudbuster, ähnlich demjenigen, den Reich verwendete, und machte öffentliche Vorführungen, in denen er zeigte, was man mit einem solchen Gerät machen kann. Er behauptete, dass er ein gewaltiges Buschfeuer gelöscht habe, das eine ganze Gemeine bedroht hatte. Er verwendete den Cloudbuster eine zeitlang, um das Klima um Los Angeles herum zu verändern. Wie zu erwarten, wurde er schließlich vom CIA zum Schweigen gebracht. Seitdem hat man nicht mehr viel von ihm gehört. Natürlich können Cloudbuster von der Machtelite nicht toleriert werden. Nicht nur machen sie die gegenwärtigen akademischen Theorien lächerlich, sondern würden unter anderem auch die moderne Kriegsführung überflüssig machen. Eine kleine Gemeinde mit einigen guten Cloudbustern könnte sich auf diese Weise vor der größten Kriegsmaschinerie dieses Planeten schützen. Mit ihrer Hilfe würden schlechtes Wetter, Tornados und Hurrikans und zerstörerische Feuersbrünste der Vergangenheit angehören. Die skrupellosen Untermenschen, die ihren Gebrauch verhindert haben, werden sich schon in der nahen Zukunft einer schrecklichen Vergeltung gegenübersehen.

Da dieser Planet schon bewohnt ist, seitdem er vor ungefähr einer Milliarde Jahren zum ersten Mal bewohnbar wurde, folgt, dass die UFOs schon wesentlich länger vorhanden sind. Das ist selbstverständlich, da die Menschen nur von Raumschiffen hierher gebracht worden sein können, ausser sie wurden hierher teleportiert, und das ist höchst unwahrscheinlich. Zweifelsohne wurden interplanetarische Raumschiffe von den Ältesten erfunden, welche die ersten Wesen waren, die im Universum aufgetaucht sind. Es ist nicht der Sinn dieses Buches, deren Ursprung zu diskutieren.

8. KAPITEL

DIE VERWICKLUNG VON UFOS IN DER SINTFLUT

Eine kürzlich ausgestrahlte zweistündige Sendung mit dem Titel “Die Suche nach Noahs Arche” lieferte eindeutige Beweise, dass sich diese tatsächlich auf einer Höhe von 4 200 m auf dem Berg Ararat befindet. Es wird angenommen, dass dieser Berg 5 100 m hoch ist und sich 600 m über eine Ebene erhebt. Tatsächlich beträgt die Höhe des Ararat aufgrund der vorhin erwähnten Fehler bei der Bestimmung der Höhe eines Berges eher 4 600 m. Damit würde die Arche in einer Höhe von 3 900 m liegen. Aufgrund eines gewaltigen Erdbebens Mitte des 19. Jahrhunderts brach ein ca. 30 m langes Stück der Arche ab und schlitterte ein kurzes Stück den Berg hinunter. Die meiste Zeit ist die Arche mit Eis und Schnee bedeckt, aber nach längeren Trocken- und Schönwetterperioden liegt sie frei da. Es war während einer solchen Zeit, als die Arche gesichtet, untersucht und sogar fotografiert wurde. Dies ist über Jahrhunderte so geschehen.

Die Bibel ist nicht die einzige Informationsquelle in Bezug auf Noah und die Sintflut. Man findet hierüber auch Unterlagen in Steintafeln und alten Dokumenten überall auf der ganzen Welt. Skeptiker haben den Schluss gezogen, dass die Arche nicht ausreichend seetauglich war, um die Sintflut zu überstehen. Allerdings haben Untersuchungen das Gegenteil bewiesen. Ein kleines Duplikat der Arche mit den gleichen Proportionen wies eine größere Stabilität auf als jedes andere Boot. Es konnte sich sogar wieder aufrichten, selbst wenn es sich um 90° neigte.

Bisher war es unmöglich, den Ursprung des ganzen Wassers, das die Landmassen bedeckte, zu erklären. Alle Experten stimmen darüber überein, dass ein 40-tägiger Regen nicht mehr als einen minimalen Teil dieses Wassers liefern könnte. Eine komplizierte Theorie, die im Fernsehen vorgebracht wurde und das Wasser in Erdinnern mit einbezog, ließ einiges zu wünschen übrig. Aber selbst wenn sie die Erklärung des Autors gekannt hätten, dann hätten sie diese nicht bringen könnten, ohne die akademische Physik lächerlich zu machen. (Der Autor hat gute Gründe anzunehmen, dass sie sie tatsächlich gekannt haben).

Es ist klar, dass Planeten nicht von einem Ort zum anderen bewegt werden können, ohne dass hierbei große Raumschiffe, die Gravitationsstrahlen verwenden, beteiligt sind. Der große Gelehrte Emanuel Velikovsky schrieb nach dem Studium alter Dokumente sein erstes Buch mit dem Titel "Welten im Zusammenstoß". Er zeigt hierin, dass die Venus in ihre derzeitige Umlaufbahn innerhalb derjenigen der Erde erst in historischer Zeit gebracht wurde und während dieses Prozesses fast mit dem Mars zusammengestoßen wäre. Dieser wurde als Komet beschrieben. In Wirklichkeit bestand sein Schweif wahrscheinlich eher aus Überbleibseln des zerstören Planeten Maldek, die vom Gravitationsfeld des Mars eingefangen worden waren. Aus alten Aufzeichnungen kann man auch entnehmen, dass wir unseren heutigen Mond nicht schon immer hatten. Weiterhin hat sich die Rotationsrichtung der Erde während der Zeit, aus der Aufzeichnungen vorliegen, mehrmals verändert. Die Geschichte zeigt, dass es Zeiten gegeben hat, in denen sich die Erde längere Zeit überhaupt nicht drehte. Oder anders ausgedrückt, die Sonne stand still. Es ist kein Zufall, dass uns der Mond immer die gleiche Seite zuwendet. Die Präzision, die notwendig ist, dass sich der Mond immer mit genau der richtigen Geschwindigkeit bewegt, ist unvorstellbar groß. Die aussergewöhnliche Bedeutung dieser Tatsache und dass sie Zufallstheorien lächerlich macht, scheint unseren beschränkten Wissenschaftlern entgangen zu sein. Dies kann nur durch eine hochentwickelte Technik erreicht werden. Zweifelsohne besitzen Raumschiffe mit Gravitationsstrahlen eine solche Technologie. Die Rotation eines Planeten kann durch die Verwendung von zwei Gravitationsstrahlen, mit denen dann eine Kraft entgegengesetzt zur Ausbreitungsrichtung erzeugt werden kann und die von gegenüberliegenden Seiten eines Planeten abgestrahlt werden, bewirkt werden. Hierzu wären zwei Raumschiffe notwendig.

Da Gravitationseffekte ein begrenztes Eindringungsvermögen besitzen, kann ein Planet nicht von einem zum anderen Ort bewegt werden, ohne dass in seiner Schale gewaltige Spannungen auftreten. Dies führt zu gewaltigen Erdumwälzungen und zur Bildung von Gebirgszügen. Je dünner die Kruste oder die Schale ist, desto höher sind die erzeugten Berge. Dies erklärt die aussergewöhnlich hohen Berge auf dem Mond, da er eine relativ dünne Schale besitzt. Natürlich erzeugt auch die Anziehungskraft der Sonne einen ständigen Zug auf die Planeten. Die Folge hiervon sind Kontinentalverschiebungen.

Es sind nun die Grundlagen gelegt worden, um den Ursprung der Wassermassen, welche die Landmassen eingeschlossen haben, erklären zu können. Es gibt triftige Gründe anzunehmen, dass unsere Sonne Teil eines Doppelsternsystems ist und sich in einer solchen Umlaufbahn befindet, dass sich die sichtbare Sonne immer zwischen der Erde und ihrem Zwillingsstern befindet. Die während Sonnenfinsternissen am Umfang zu beobachtenden Eruptionen und Abstrahlungen sind zu stark, um nur von unserer sichtbaren Sonne erzeugt werden zu können. Diese Tatsachen haben einige Wissenschaftler zu dem Schluss geführt, dass unsere Sonne Teil eines Doppelsternsystems ist, genauso wie die meisten Sterne. Vor einigen Jahren schrieb einer ein Buch über dieses Thema. Larry, der Informant des Autors, konnte dies bestätigen. Er meinte auch, dass der Zwillingsstern heller ist als unsere Sonne.

Vor der Sintflut befand sich die Erde in einer Umlaufbahn mit vollem Blick auf den Doppelstern. Die Erde besaß einen gewaltigen Mantel aus Wasserdampf um sich herum, genauso wie die Venus. Hierdurch wurde die Erde geschützt und ein gleichmäßiges Klima auf der ganzen Erdkugel erzeugt. Dieser Mantel schwächte die schädlichen Strahlen so stark ab, dass auf der Oberfläche Verhältnisse ähnlich wie im Innern der Erde herrschten. Dies erklärt die lange Lebensdauer der Menschen zur Zeit von Noah. Als die Erde aus ihrer Umlaufbahn herausbewegt und in die heutige gebracht wurde, kondensierte dieser Wasserdampfmantel und fiel als Regen zu Boden. Gleichzeitig wurden die Ozeane aufgrund der gravitationellen Zugkraft aus ihren Betten befördert und überschwemmten die Landmassen. Dies findet seine Bestätigung in den Salzablagerungen, die auf dem Ararat zu finden sind, und die zeigen, dass es Salzwasser und nicht Süßwasser war, das den Ararat bedeckt hatte.

In der Bibel wird als Grund für die Sintflut angegeben, dass das Böse auf diesem Planeten geherrscht haben soll und Noah der einzige rechtschaffene Mann war. Es scheint doch so zu sein, dass “Gott” einen wesentlich einfacheren Weg finden sollte, um die Bevölkerung los zu werden. Eine bessere Erklärung wäre, dass damit die Verschmutzung eliminiert werden sollte, die sich angesammelt hatte. Ausserdem würde die Zahl der Inkarnationen durch die starke Verkürzung der Lebensdauer der sich entwickelnden Menschen auf diesem Planeten um den Faktor 10 vergrößert werden. Dies würde ihren Fortschritt stark beschleunigen. Nach der Sintflut nahm die Lebensdauer der Menschen ständig ab.

Auf eine absurde Schlussfolgerung kam man in der genannten Fernsehsendung allerdings nicht zu sprechen. Laut der Bibel müsste nämlich jeder Mensch von der Familie Noahs abstammen. Die Vorstellung, dass die Menschen und all die verschiedenen Rassen durch ausserirdische Wesen auf die Erde gebracht worden waren, um diese wieder zu besiedeln, war natürlich undenkbar. Alle diese Leute mussten einfach von Noah abstammen. Wie unverdaulich dieses Konzept auch immer sein mag, so zog man es der Erklärung vor, dass eine große Zahl von Menschen aller Rassen nach der Sintflut durch UFOs hier abgesetzt worden waren.

Es ist vernünftig anzunehmen, dass die Gravitationsstrahlen nicht sofort abgeschaltet wurden, nachdem die Erde in ihre derzeitige Umlaufbahn gebracht worden war. Der Rückfluss der Wassermassen der Weltmeere in ihre ursprünglichen Bekken hätte zu große Zerstörungen angerichtet und die Arche hätte irreparablen Schaden erlitten. Stattdessen ist die Stärke der Strahlen wahrscheinlich allmählich verringert worden. Folgedessen dauerte es fast ein Jahr bis sich die Wassermassen zurückzogen, anstatt nur ein paar Tage, wie dies der Fall gewesen wäre, wenn die Gravitationsstrahlen sofort abgeschaltet worden wären.

Es ist behauptet worden, dass die Erde irgendwann durch Feuer zerstört werden wird. Zweifelsohne wird die Erde wieder in ihre ursprüngliche Umlaufbahn, die sie vor der Sintflut einnahm, zurückgebracht werden. Vielleicht werden Leute, die gerettet werden sollen, entweder von Raumschiffen aufgenommen oder in das Erdinnere gebracht. Wenn die Erde wieder in eine Umlaufbahn mit Blick auf den Doppelstern gebracht würde, dann würden die Ozeane zu kochen anfangen und das ganze Leben und die Vegetation auf der Oberfläche würde verbrennen. Das Kochen der Ozeane würde den ursprünglichen Wasserdampfmantel wieder herstellen, wodurch sich wieder ein gleichförmiges und ideales Klima auf der ganzen Erde ergeben würde. Es wurde auch behauptet, dass dieser Planet dazu bestimmt sei, nicht nur das Lernzentrum für das Sonnensystem sondern der ganzen Milchstraße und sogar darüber hinaus zu werden. Dies mag vielleicht die Aufmerksamkeit erklären, welche diesem Planeten von Ausserirdischen geschenkt wird, seitdem er bewohnbar wurde. Vielleicht ist es der einzige Planet, auf dem von Anfang an Menschen gelebt haben. All die Menschen, die hierher gebracht worden sind, müssen von irgendeinem Planeten stammen.

Es gibt klare Beweise dafür, dass es sehr abrupte Klimaveränderungen gegeben hat, wie z.B. von einem subtropischen Klima zu einem arktischen und umgekehrt, die praktisch über Nacht stattgefunden haben. Es sind Mammuts gefunden worden, die im Eis eingefroren waren und noch unverdaute Reste von subtropischen Pflanzen in ihren Mägen hatten. Es gibt Hinweise, dass die Antarktis einst ein gemäßigtes Klima besaß usw. All dies ist nur möglich, wenn die Erdachse gekippt wurde.

Dies ist wiederum nur durch riesige UFOs mit Gravitationsstrahlen möglich.

Während der letzten 25 Jahre gab es offensichtliche Veränderungen in der Umlaufbahn der Venus. Ende der Siebziger Jahre bemerkte der Autor, dass sich die Venus nach Sonnenuntergang viel höher am Himmel befand, als dies normalerweise der Fall hätte sein sollen. Die Astronomen behaupten, dass die Venus nach Sonnenuntergang nie mehr als 47 Grad über den Horizont steigt. Das erste Mal, als der Autor diese Diskrepanz bemerkte, befand sich die Venus mindestens 60 Grad über dem Horizont. Schließlich fand der Autor am 31. März 1988 heraus, dass die Venus 4 Stunden und 15 Minuten nachdem die Sonne untergegangen war, aufgegangen war. Das sind unglaubliche 64 Grad! Es soll angeblich 588 Tage dauern, bis die Venus in ihrer Umlaufbahn um die Sonne eine Umdrehung im Vergleich zur Erde gewinnt. Oder in anderen Worten, nachdem die Venus ein Morgen- oder Abendstern geworden ist, dauert es 588 Tage, bis dies wieder der Fall ist. Am 31. März 1988 erreichte die Venus ihre maximale Höhe über dem Horizont als Abendstern. Bei einem 588-Tage-Zyklus hätte dies das nächste Mal im September 1994 geschehen sollen. Jedoch erreichte sie ihr Maximum bereits im März 1994. Während dieser Zeit befand sie sich niemals mehr als 30 Grad über dem

Horizont! Wir haben es hier mit einem unbestreitbaren Beweis zu tun, dass sich die Umlaufbahn der Venus verändert hat, was seinen Grund wiederum nur in Aktivitäten riesiger UFOs haben kann, die Gravitationsstrahlen verwenden. Es besteht kein Zweifel, dass sich die Astronomen dieser Tatsache schon lange bewusst sind. Trotzdem ignorieren sie das Ganze und propagieren weiter fröhlich ihre Lügen und Märchen.

9. KAPITEL

UFO-AKTIVITÄTEN AUF DEM MOND

Von Mondbeobachtern sind auf der Oberfläche des Mondes schon seit der Einführung des Teleskops Aktivitäten festgestellt worden. Bei zahlreichen Anlässen sind Lichter beobachtet worden. Auch über Veränderungen der Mondoberfläche ist vor einigen Jahrzehnten bei zahlreichen Anlässen berichtet worden. Eine Brücke, die auf dem Mond entdeckt wurde und die alle auf der Erde zwergenhaft erscheinen lässt, gelangte fast in die Schlagzeilen. Die Größenbestimmung dieses Objektes basierte natürlich auf der Ansicht, dass der Mond einen Durchmesser von ca. 3500 km besitzt. Da der Mond in Wirklichkeit fast dreimal so groß ist, würde ein solches Ding kolossale Ausmaße annehmen. Ufologen wie George Adamski haben in der Nähe des Mondes des öfteren UFOs fotografiert. Während der Siebziger Jahre veröffentlichten populäre Magazine wie *Saga* Fotos von Bauwerken, die eindeutig von Menschenhand geschaffen worden waren und die wesentlich größer sind als alle auf der Erde.

Zweifelsohne führen die Ausserirdischen seit Jahrhunderten gigantische Bergbauarbeiten auf dem Mond durch. Das Material, um riesige UFOs zu bauen, könnten sie sich auf diese Weise auf verschiedenen Planeten besorgen. Gibt es Anzeichen, dass auch auf der Erde ähnliche Arbeiten durchgeführt worden sind? Die Beweise sind überwältigend, dass dem tatsächlich so war. Ein Freund und Kollege des Autors namens Bill Higdon hat eine Theorie in Bezug auf die Bildung des Grand Canyon, durch den der Colorado River fließt, aufgestellt, die sozusagen wasserdicht ist. Es mussten ungefähr 5000 Kubikkilometer an Material entfernt werden, um den Grand Canyon zu bilden. Kann dies bloß durch Erosion innerhalb von ein paar Millionen Jahren, die es angeblich gedauert haben soll, bewirkt werden? Eine einfache Rechnung zeigt, dass dies unmöglich ist. Wenn man die Menge an Gestein, die durch den Colorado River innerhalb eines Jahres mitgeschleppt wird, mit ein paar Millionen multipliziert, dann wäre das nichts mehr als ein Tropfen auf den heissen Stein. Es ist geschätzt worden, dass der Colorado River jeden Tag 4 000 Tonnen Gestein mitführt. Es ist sicher anzunehmen, dass die durchschnittliche Rate über Millionen Jahre hinweg nicht wesentlich höher war. Bei dieser Rate würde es ungefähr 150 Millionen Jahre dauern, um 5 000 Kubikkilometer Material abzutragen. Selbst wenn man berücksichtigt, dass es Zeiten gegeben hat, in denen die Erosion größer war, fehlt es hier noch weit.

Falls der Grand Canyon wirklich durch gigantische Bergbauarbeiten entstanden ist, gibt es dann keine Hinweise über den Verbleib der Abfälle, die nach der Extraktion der Rohstoffe, die gebraucht worden waren, und welche das auch immer sein mögen, zurückgeblieben sind? Die Abfälle würden den größten Teil des abgetragenen Materials ausmachen. Diese Abfälle existieren tatsächlich in großen Mengen im ganzen Westen. Es gibt große Ansammlungen aus Rollschutt und Berge, die große Flächen bedecken und aus solchen Abfällen bestehen. Als der Autor mit Bill Higdon einmal in die Nähe des Hoover Damms fuhr, zeigte er ihm große Hügel, die aus dem gleichen Material bestehen, das auch bei Bergbauarbeiten abfallen würde. Die Geologen haben solche Dinge natürlich ignoriert, weil sie sie nicht erklären können.

10. KAPITEL

DIE VERWICKLUNG VON UFOS UND AUSSERIRDISCHEN BEIM BAU DER GROẞEN PYRAMIDE IN ÄGYPTEN

Es ist schon viel darüber spekuliert worden, wie die Pyramide von Gizeh gebaut worden ist. Der Konsens unter den etwas weniger intelligenten Spekulatoren, zu denen auch die Vertreter der akademischen Wissenschaft gehören, ist, dass sie von den Ägyptern mittels einfacher Maschinen und Zehntausenden von Arbeitern errichtet worden ist, wobei die Bauzeit mehrere Jahrzehnte betrug. Stichhaltige Beweise, die von etwas scharfsinnigeren Personen stammen, deuten in eine völlig andere Richtung. Es wurden ungefähr 2,5 Mio. Blöcke, von denen jeder ultraglatt polierte Oberflächen hatte, für den Bau der Pyramide zusammengefügt. Jeder wiegt ungefähr zwei bis drei Tonnen. Man kann sich kaum vorstellen, dass dies mit bloßer Körperkraft und einer primitiven Technik möglich sein sollte. Was unsere stumpfsinnigen akademischen Experten anbetrifft, so steht die Levitation von drei Tonnen schweren Steinblöcken natürlich nicht zur Debatte, da hierdurch die orthodoxe Physik untergraben würde, samt ihren Konzepten von Schwarzen Löchern, der Relativitätstheorie usw., die alle wie ein Kartenhaus zusammenstürzen würden.

Unsere Wissenschaftler ignorieren z.B. auch frohgemut die Tatsachen, die in Bezug auf Coral Castle in Florida veröffentlicht worden sind. Dieses Bauwerk wurde von einem ungefähr 50 kg schweren Schwächling errichtet. Hierbei wurden tonnenschwere Steinblöcke auf beträchtliche Höhen gehoben und mit absoluter Präzision an ihren vorbestimmten Ort gebracht. Die Lastwägen, die verwendet wurden, um einige dieser Steine zu transportieren, welche dieser Mann benötigte, wurden immer im Geheimen beladen. Einige von ihnen wogen viele Tonnen. Wie konnte es ihm gelingen, ein solches Bauwerk zu errichten? Die neue Wissenschaft, die von diesem Autor entwickelt wurde, liefert die Antwort. Hier soll nur eine kurze und oberflächliche Erklärung abgegeben werden. Falls der Leser an einer genaueren Analyse interessiert ist, so findet er diese in dem schon mehrfach erwähnten zweiten Buch des Autors.

Negative Ladungen werden von der Gravitation abgestoßen. Dies kann sofort mit einem Van-de-Graff-Generator nachgewiesen werden. Die Haare von Personen, die sich in der Nähe eines solchen Geräts befinden, neigen dazu gerade nach oben zu stehen. (Natürlich nur, wenn die betreffende Person überhaupt Haare besitzt). Die Haare werden mit Elektronen imprägniert, die von der Gravitation nach oben abgestoßen werden. Es sollte angemerkt werden, dass ungeladene Materie insgesamt eine geringe positive Ladung trägt, die von der Gravitation angezogen wird.

Mit dieser neuen Wissenschaft, die als Physik der weichen Teilchen bekannt ist, können zum ersten Mal die Schallwirkungen erklärt werden. Die gesamte Materie ist von weichen Teilchen durchdrungen, die aus Lichtphotonen bestehen, die ein weites Spektrum einnehmen. Schallwellen der richtigen Frequenzkombination können bestimmte weiche Teilchen oder Elektronen, welche die Materie durchsetzen, auflösen, wodurch bestimmte weiche Elektronen freigesetzt werden, die aus höherfrequenten Lichtphotonen bestehen. Hierdurch wird ein Gegenstand, der solchen Schallwellen ausgesetzt ist, insgesamt negativ aufgeladen, wodurch er dann von der Erdgravitation nach oben abgestoßen wird. Gewöhnliche Elektronen bestehen aus Lichtphotonen im Bereich der Gammastrahlen. Solche Ladungen werden nicht so stark wie negative Ladungen, die aus Lichtphotonen im unteren Frequenzbereich bestehen, abgestoßen. Das Muster der weichen Elektronen, welche die Materie durchdringen, ist äusserst komplex. Bestimmte Arten von Schallwellen können auf bestimmte weiche Elektronen einwirken und trotzdem auf andere keine Wirkung ausüben.

Es gibt viele gut dokumentierte Fälle von Levitation mittels Schallwellen. Über einen äusserst bedeutenden Fall wurde von einem schwedischen Arzt berichtet. Er war im Jahr 1931 Zeuge einer Demonstration tibetanischer Mönche in einem Kloster geworden. Hierbei wurden große Steinblöcke auf eine Felsbank, die sich 250 m oberhalb des Rastplatzes befand, levitiert. Der Stein, der angehoben werden sollte, wurde mit einer bestimmten Kombination aus Trommeln und Trompeten umgeben. Nach ein paar Minuten Spielzeit begann dieser zu oszillieren und schoss dann plötzlich in die Höhe. Es ist nun klar, wie die Steine in Coral Castle angehoben wurden. Der kleine Mann verwendete Schallwellen der richtigen Frequenzkombination, um die Steine zu levitieren.

Da UFOs und Ausserirdische schon auf dieser Erde sind, seitdem diese zum ersten Mal bewohnbar wurde, ist es kaum anzunehmen, dass sie nicht am Bau der Großen Pyramide beteiligt waren. Es ist wesentlich logischer anzunehmen, dass die Steinblöcke, aus denen die Pyramide besteht, levitiert und durch Schallwellen auf ihre Plätze gehoben worden sind. Auch UFOs mit Gravitationsstrahlen, die über dem Baugebiet schweben, hätten diese Arbeit ebenso effektiv durchführen können, wenn nicht noch effektiver. Mit solchen Methoden hätten die Pyramiden in kurzer Zeit errichtet werden können. Mit der überlegenen Technologie der Ausserirdischen hätten die Steinblöcke leicht mit einer glattpolierten Oberfläche versehen werden können.

Es gibt auch noch andere Gründe für die Annahme, dass die Pyramide von Ausserirdischen errichtet worden ist. Astralreisende haben in der Pyramide Räume gefunden, die Hightech-Geräte enthalten, die wesentlich weiter entwickelt sind als jene, die auf diesem Planeten verwendet werden. Dies scheint seine Bestätigung darin zu finden, dass die Pyramide nun von ägyptischen Beamten bewacht wird. Wenn die Pyramide im Innern genauso aussehen würde, wie allgemein geglaubt wird, dann wäre eine solche Bewachung unnötig. Vor einigen Jahren konnte ein einfallsreicher Mann, der wusste, wo einer dieser Räume war und wie man hineingelangen konnte, die Wachen überlisten und in das Innere vordringen. Er nahm einige Gegenstände mit und schmuggelte sie dann aus Ägypten heraus. Er soll angeblich ein Buch hierüber geschrieben haben. Der Autor versucht schon seit langem, den Namen dieses Mannes herauszufinden und ein Exemplar dieses Buches, falls es wirklich existiert, zu erhalten.

Aus welchen Gründen wurde die Pyramide gebaut? Was war ihre Funktion? Zur Zeit als die Pyramide errichtet wurde, dürfte der Grundwasserspiegel wahrscheinlich wesentlich höher gewesen sein als heute. Wenn dem so war, dann hätte die Pyramide dazu eingesetzt werden können, um große Mengen an Wasser an die Oberfläche zu befördern, das für Bewässerungszwecke und andere Dinge verwendet hätte werden können.

Wie in "The Ultimate Reality" eindeutig gezeigt wird, ist eine Pyramide umso effektiver je größer sie ist. Eine Pyramide von der Größe jener in Gizeh würde in einer beträchtlichen Tiefe unterhalb der Oberfläche eine ultrahohe Konzentration negativer Ladungen erzeugen. Hierdurch würde das Wasser eine extrem hohe negative Ladung erhalten, wodurch es von der Erdgravitation nach oben abgestoßen würde. Dass dem wirklich der Fall ist, zeigte sich, als ein reicher Mann im mittleren Westen ein pyramidenförmiges Wohnhaus baute. Er ließ es mit vergoldeten Eisenplatten bedecken. Schon bald wurde der erste Stock überflutet, was ihm in der Folge einige Probleme bescherte. Vergoldetes Eisen (kein galvanisiertes) ist das wirkungsvollste Material, das man in einer Pyramide oder einem Orgonakkumulator verwenden kann.

Das Wasser, das von der Erdgravitation abgestoßen wird und an die Oberfläche tritt, hätte einzigartige Eigenschaften. Denn damit das Wasser überhaupt nach oben steigen kann, müssen die Wassermoleküle mit einer ultrahohen Konzentration weicher Elektronen imprägniert werden, wodurch die Moleküle insgesamt eine negative Ladung erhalten würden. Dies bedeutet, dass die Kohäsivkräfte praktisch gegen Null gehen und das Wasser folgedessen nach oben levitieren würde. Ein solches Wasser wäre hochdurchdringend und hätte aussergewöhnliche Heil- und Regenerierungseigenschaften. Es wäre ein wahrer Jungbrunnen. Vielleicht war dies sogar der Hauptgrund, weshalb die Große Pyramide gebaut wurde. Das Wasser, das durch die goldbeschichtete Pyramide an die Oberfläche befördert wurde, hätte eine ganze Gemeinde versorgen können. In diesem Zusammenhang gewinnt eine Bemerkung von Larry, dem früheren Informanten des Autors, an Gewicht. Er sagte vor ungefähr 40 Jahren folgendes: "Es gibt heute viele Leute, die zwei- oder dreihundert Jahre alt werden!" Diese Äusserung stammte eigentlich nicht von ihm selbst, sondern von einem seiner Förderer, einem hochrangigen Ältesten, dessen Weisheit diejenige eines aufgestiegenen Meisters bei weitem übertrifft.

Eine weitere offensichtliche Funktion der Pyramide von Gizeh ist, dass hierdurch wohltuende Energien im Innern der Pyramide konzentriert werden. Eine weitere mögliche Funktion ist, dass innerhalb einer solchen Pyramide bestimmte wissenschaftliche Experimente leichter durchgeführt werden könnten. Der Raum für das Begräbnis des Pharaos ist nur von zweitrangiger Bedeutung.

Der Pyramide sind viele bizarre Funktionen zugeschrieben worden, wie man dies aus zahlreichen Büchern über dieses Thema ersehen kann. Der Autor möchte sich hierzu nicht äussern.

Es kann also mit Sicherheit geschlossen werden, dass die Pyramide von Gizeh von Ausserirdischen mit einer fortschrittlichen Technik errichtet worden ist. Um die herrschende Klasse in Ägypten versöhnlich zu stimmen, haben diese dann vielleicht innerhalb der Pyramide einige Räume für das Begräbnis des Pharaos und anderer Würdenträger eingerichtet.

Natürlich haben sich die Ausserirdischen bei ihren Pyramidenbauten nicht auf Ägypten beschränkt. Der verstorbene Weltenbummler Anderson, der auch als Medium und Starker Mann bekannt war, erzählte, dass es überall auf der Erde Pyramiden gäbe, und einige würden die Pyramiden in Ägypten zwergenhaft erscheinen lassen. Er beschrieb eine Pyramide in Asien, die ungefähr dreihundert Meter hoch ist!

11. KAPITEL

DIE GEHEIME ZUSAMMENARBEIT DER US-REGIERUNG MIT BÖSARTIGEN AUSSERIRDISCHEN

Dieses Kapitel befasst sich vielleicht mit dem größten Coup, der je auf diesem Planeten durchgezogen worden ist. Während des Sommers 1990 wurde der Autor mit Informationen bombardiert, welche die geheime Zusammenarbeit der US-Regierung mit Ausserirdischen betrafen, welche von Anfang an nicht die besten Absichten hatten. Diese Ausserirdischen waren als Graue und Reptoiden bekannt. Die Reptoiden waren Humanoiden mit Reptilienköpfen. Die Grauen waren skrupellose menschenähnliche Wesen, welche den Reptoiden dienten, die unvorstellbar bösartig waren. Laut Informationen, die dem Autor anvertraut wurden, hatte die Regierung während der Amtszeit von Eisenhower einen Zusammenstoß mit diesen Ausserirdischen. Die Regierung fand bald heraus, dass ihre Waffen nicht mit jenen der Grauen und Reptoiden mithalten konnten und folgte dem alten

Spruch: “Wenn du sie nicht besiegen kannst, dann verbünde dich mit ihnen.”

In der Folge wurde mit dem Bau gigantischer Untergrundanlagen begonnen. Die Ausserirdischen besaßen die Art von Lasergeräten, die früher erwähnt worden sind, und die dazu verwendet wurden, um große Höhlen im Erdinnern herauszuarbeiten. Die Höhlen wiesen mehrere Stockwerke auf, die einige Kilometer oder noch weiter unter die Oberfläche reichten. Der unterste Bereich enthielt die Städte, die errichtet worden waren, um ihre Raumschiffe aufzunehmen. Die amerikanische Regierung versorgte sie mit Material und Ausrüstung aller Art, um sie “auszustatten”. Hierzu waren natürlich riesige Geldsummen notwendig. Die amerikanische Regierung war und ist bei weitem der größte Drogenhändlerring auf diesem Planeten. Das Geld für die Untergrundanlagen und deren Ausstattung stammte größtenteils aus den Einkünften des Drogenhandels. Billiarden von Dollars wurde über die Jahre hinweg in diese Operationen gepumpt. Als Austausch für all dies erhielt die Machtelite fortschrittliche Technologie, die sie zuvor noch nicht gehabt hatte. Die bösartigen Ausserirdischen unterstützten sie auch bei ihren verschlagenen Plänen. Schließlich wurden 85 dieser Anlagen überall auf der Welt fertiggestellt, die meisten davon allerdings in den USA. Ausserdem verschwanden zwischen 1950 und 1990 jedes Jahr Hunderttausende, wenn nicht Millionen von Menschen spurlos. Die meisten von ihnen endeten wahrscheinlich als Futter für die Reptoiden.

Im Sommer 1990 erhielt der Autor Besuch von Gary Abel, einem sehr begabten Afroamerikaner und einigen seiner weissen Freunde. Er hatte das Buch "The Awesome Life Force" gelesen und war sehr beeindruckt. Er arbeitete als Computerspezialist für eine Firma. Er und seine Freunde zeigten dem Autor verschiedene Publikationen, die bestätigten, was gerade in Bezug auf die geheime Zusammenarbeit mit den bösartigen Ausserirdischen und den 85 Untergrundanlagen erzählt worden ist.

Nach diesem ersten Treffen kam Abel noch mehrere Male vorbei, um mit dem Autor über das Problem der Grauen und Reptoiden zu diskutieren. Es war offensichtlich, dass diese auch für die Rinderverstümmelung verantwortlich waren.

Im Dezember 1990 wurde dem Autor schließlich bewusst, dass ihm wieder ein Ziel präsentiert worden war, das aus dem Weg geräumt werden musste. Er war der Ansicht, dass es notwendig war, alle 85 Untergrundanlagen auf einmal einstürzen zu lassen. Er visualisierte zahllose Laserstrahlen aus desintegrierenden Strahlen, die jede einzelne Anlage vollständig umgaben, um auf diese Weise die Decken einstürzen zu lassen, wodurch alle Städte, die Bewohner und ihre Raumschiffe zerstört würden. Dieses Unternehmen wurde spät in der Nacht durchgeführt, so dass fast alle in ihren Unterkünften sein würden. Interessanterweise berichteten die Nachrichten am nächsten Tag von unerklärlichen Felsrutschen südöstlich von Estacada. Dies wurde auch im Fernsehen gezeigt. Viele der Felsen, von denen einige riesig waren, mussten durch die Luft gewirbelt worden sein, um dort zu landen, wo sie gelandet waren. Zu dieser Zeit wusste der Autor noch nicht, dass sich auch ungefähr 70 km von Portland entfernt eine solche Anlage befunden hatte. Im Januar 1991 nahm Gary Abel den Autor zu dem monatlichen Treffen des "Flying Saucers Club" von Portland mit, das am Sonntag im "Mt. Hood Community College" abgehalten werden sollte. Während dieses Treffens wurde berichtet, dass es im Staat Washington in den letzten dreissig Tagen keine UFO-Sichtungen gegeben hatte. Zuvor waren die meisten Sichtungen im Nordwesten des Staates Washington zu verzeichnen gewesen. Dieses Treffen fand einen Monat, nachdem der Autor seine Projektionen zur Zerstörung aller 85 Anlagen durchgeführt hatte, statt. Diese Information und der Bericht über die unerklärlichen Felsrutsche südöstlich von Estacada stellten eine Bestätigung dafür dar, dass der Autor erfolgreich gewesen war. Die meisten UFO-Sichtungen gingen lange Jahre auf die Raumschiffe dieser Reptoiden und Grauen zurück, als sie aus ihren Untergrundanlagen ein- und ausflogen.

Bei diesem Treffen erzählte Gary dem Autor, dass eine Frau dort behauptet hätte, dass sie noch vor einem Monat bei zahlreichen Anlässen südöstlich von Estacada UFOs gesehen hätte. Gary begann Nachforschungen anzustellen, und nachdem er die Gegend besucht hatte, wurde er durch geistige Angriffe mit Beschlag belegt, und Autos mit Regierungsnummernschildern folgten ihm. Er erfuhr auch, dass ein Mann und seine Freundin von einem Regierungsbeamten dazu aufgefordert worden waren, "sich zum Teufel zu scheren", nachdem sie ihr Auto in diesem Gebiet geparkt hatten. Es war offensichtlich, dass der Zutritt zu diesem Gebiet, das Dutzende von Quadratkilometern einnahm, verboten war. Der Autor beendete die geistigen Angriffe auf Gary. Er schlug Gary vor, das Gebiet zu erforschen. Er wartete nur darauf, dass irgendjemand versuchen würde, *ihn* von diesem Unternehmen abzuhalten. In einer Ranger-Station besorgten sie sich eine große Landkarte, auf der jede Straße und jeder Weg in diesem Gebiet verzeichnet war. Der Autor untersuchte dann mit der Wünschelrute die Landkarte und legte den Ort, an dem die Untergrundanlage gewesen war, genau fest. Es ist mehr als wahrscheinlich, dass es sich um eine der kleinsten Untergrundanlagen gehandelt hatte. Wir fuhren dann in Richtung der Anlage und erwarteten einen großen Krater mit einem Durchmesser von 1,5 km zu finden. Das mit Hilfe der Wünschelrute ermittelte Gebiet lag ca. 1 500 m über dem Meeresspiegel. Ungefähr 8 km vor der früheren Anlage stießen wir auf viele Felsen. Oft mussten wir aus dem Wagen steigen, um einige von ihnen aus dem Weg zu räumen. Interessanterweise waren Felsrutsche in dieser Gegend wesentlich unwahrscheinlicher als in Gebieten, die von der früheren Anlage weiter entfernt waren. Die Straße war höher gelegen, und die Wände des Canyons waren nicht so hoch und schroff. Wir kamen allerdings nicht weit, da wir wegen Schnee wieder umkehren mussten. Aus diesem Grund wurde beschlossen, dass wir ein bis zwei Monate warten würden, bis der Schnee geschmolzen war.

Aus irgendeinem seltsamen Grund wollte die Machtelite verhindern, dass wir diesen Ort erreichten. Dies war unlogisch, da der Schaden bereits angerichtet worden war und nichts übriggeblieben war, das geschützt werden konnte. Während der Wartezeit teilte Gary dem Autor mit, dass er ständig von Streifenwagen und von Autos mit Regierungsnummernschildern verfolgt werden würde. Beim nächsten Ausflug in diese Gegend konnten wir ungefähr 3 km näher an unser Ziel gelangen.

Es gab Anzeichen von Felsrutschen, wodurch die Wurzeln der Bäume offengelegt worden waren. Wir mussten allerdings wieder aufgrund des Schnees zwei oder drei Kilometer vor unserem Ziel, das höher gelegen war, umkehren.

Nach dem letzten Ausflug wurden die Versuche, Gary einzuschüchtern weiter verstärkt. Gary war extrem medial veranlagt, und eines Nachmittags kam er in die Wohnung des Autors und war ziemlich aufgeregt. Er erzählt ihm, dass der CIA plane, ihn am nächsten Tag mit allen Mitteln zu eliminieren. Der Autor versicherte ihm, dass er sofort eine Strafaktion einleiten würde. Eine Katze, die im Haus wohnte, und die Gary inzwischen ins Herz geschlossen hatte, heulte fast die ganze Nacht. Der Autor hatte gute Gründe, sich keine Sorgen zu machen und war zuversichtlich. Am nächsten Tag kam Gary vorbei und war ziemlich gehobener Stimmung. Er sagte, dass viele Leute, die an diesem Komplott beteiligt gewesen waren, ihr Leben verloren hätten. Interessanterweise hatten zu dieser Zeit drei Streifenwagen auf der gegenüberliegenden Straßenseite geparkt und waren dort drei Stunden stehengeblieben. Zweifelsohne stellte die Polizei aufgrund des mysteriösen Dahinscheidens einiger CIA-Agenten, die wahrscheinlich zuvor in der Straße postiert gewesen waren, Nachforschungen an. Trotz der demoralisierenden Wirkung, welche diese Ereignisse auf die Herrschenden gehabt haben musste, wurde kurz vor unserem nächsten Ausflug ein letzter verzweifelter Versuch unternommen, Gary einzuschüchtern. Er und seine Freundin wurden schlimmer denn je verfolgt. Bei einer Gelegenheit folgten ihnen nicht weniger als 15 Streifenwagen! Da der Autor wusste, dass Garys Telefon angezapft worden war, hinterließ der Autor auf diesem Weg folgende Nachricht an seine Peiniger: "Ich habe nichts gegen eure kleine Show, aber wenn ihr euch noch weitere solche Späßchen erlaubt, dann werde ich euch einen Kopf kürzer machen." Daraufhin fand dieser ganze Unsinn ein schnelles Ende.

Unser nächster Ausflug in die Gegend war erfolgreich. Je näher wir kamen, desto stärker wurden die Felsrutsche, die aufgetreten waren. Als wir unser Ziel erreicht hatten, fanden wir keinen Krater. Aber ungefähr ein ungefähr 400 m langes Stück der Straße war weg und ein Baum samt Wurzeln, der bestimmt mehrere Tonnen wog, war mitten auf die Straße geflogen! Der Autor erkannte, dass die oberen Stockwerke der Untergrundanlage intakt geblieben sein mussten. Nur die tiefer gelegenen Stockwerke mit der Stadt und den Wohnquartieren, welche die Raumschiffe enthielten, waren eingestürzt. Der Autor fand mittels seiner Wünschelrute heraus, dass sich die tiefer gelegenen Stockwerke ungefähr 1,5 km unter der Oberfläche befanden. Die Wucht des Aufpralls der Dachkonstruktion, die Hunderte von Metern nach unten gekracht war, hatte eine Schockwelle erzeugt, die zweifelsohne alle, die sich in dieser Gegend aufgehalten hätten, getötet hätte. Stellen sie sich die Wucht des Aufpralls eines Felsens vor, der die Fläche von 2 Quadratkilometer einnimmt und ungefähr 500 m dick ist, was ungefähr 1 Kubikkilometer entspricht, und der Hunderte von Metern nach unten fällt! Man braucht sich nicht zu wundern, dass hierdurch die beobachteten Felsrutsche erzeugt worden waren. Bei folgenden Ausflügen fanden wir heraus, dass ein Gebiet im Umkreis von 8 km betroffen war. Der Zutritt zu dieser Gegend war zu dieser Zeit auch nicht mehr verboten, und die Leute begannen wieder, diese zu betreten. Auf einem unserer Ausflüge fragten wir einen Ranger über die Felsrutsche und das fehlende Stück in der Straße. Er antwortete: "Es war irgendeine Art von Erdbewegung."

Einige Jahre vor diesen Ereignissen wurde der Autor von einem jüngeren Mann angesprochen, der gegenüber auf der anderen Straßenseite wohnte. Es schien so, dass er mehr über den Autor wusste, als er eigentlich sollte. Die folgenden Zusammenkünfte führten zu so etwas wie einer Freundschaft. Der Autor spürte, dass es sich bei ihm um keine gewöhnliche Person handelte und gab ihm das letzte Exemplar, das er von seinem Buch “The Awesome Life Force” noch hatte. Der Autor kannte diese Person unter dem Namen Ron. Von dem Zeitpunkt an, wo Gary und der Autor von ihrem Ausflug zurückgekehrt waren, bei dem sie den umgestürzten Baum mitten auf der Straße gefunden hatten, hatte er Ron nur bei zwei Anlässen gesehen. Diesmal wartete er jedoch schon auf den Autor. Er wusste, wo er und Gary gewesen waren. Als der Autor über den Höhleneinsturz sprach, schien er äusserst ekstatisch zu sein und schüttelte die Hand des Autors. Bevor er ging, überreichte er dem Autor ein Exemplar einer Schrift, die sich “The Alien Digest” nannte. Als er im Begriff war zu gehen, bemerkte der Autor, dass er wisse, dass das, was er ihm erzählt hatte, schwer zu glauben sei. Rons Kommentar war nur “Nein, das ist es nicht!”

Nachdem der Autor diese Ausgabe des “Alien Digest” durchgelesen hatte, kannte er den wirklichen Zweck von Rons Besuch. Hierin wurde die gleiche Geschichte von den Grauen und den Reptoiden wiedergegeben, die der Autor schon zuvor gehört hatte, aber ausserdem wurde eine zusätzliche Bedrohung durch die Grauen und die Reptoiden erwähnt. Es gab eine Reihe von Raumschiffen der Grauen, welche den Planeten umgaben und welche bei weitem die größte Gefahr darstellten.

Es handelte sich um ein Reptoiden-Raumschiff planetarischer Größe mit einem Durchmesser von ca. 8 500 km, welches die Erde bedrohte. Zu dieser Zeit konnte es nicht gesehen werden. Auf diese Weise hatte Ron den Autor mit weiteren Zielen versorgt, und es war notwendig, sofort eine Strafaktion einzuleiten. In dieser Nacht wurde das Raumschiff der Reptoiden von zahllosen Neutronenstrahlen aus allen Richtungen bombardiert, die es in eine gigantische Atombombe verwandelten. Das gleiche geschah mit den Schiffen der Grauen. Die gesamte Rasse der Reptoiden und jene der Grauen wurde ausgelöscht. Die vielpublizierte Rinderverstümmelung hatte damit ebenfalls eine Ende.

Nach diesem Zwischenfall sah der Autor Ron nur noch bei zwei Gelegenheiten. Auch seine Freundschaft mit Gary Abel ging zu Ende. Er hat von beiden seit 1991 weder etwas gehört noch hat er sie gesehen. Es wurde offensichtlich, dass jene, die in das Leben des Autors für einen wichtigen Zweck eintreten, genauso schnell wieder hieraus verschwinden, wenn sie ihre Aufgabe erfüllt haben. Gary war nicht nur ein großes Medium, sondern auch einer der Besten, wenn nicht der Beste auf dem Gebiet der Fernwahrnehmung, den der Autor bisher getroffen hat.

Irgendwann vor den ganzen Ereignissen in Bezug auf die 85 Untergrundanlagen entwickelte der

Autor den wahrscheinlich ultimativen selbsttätigen elektrischen Generator. Mit ihm ließe sich praktisch eine unbegrenzte Leistung erzeugen, und trotzdem wäre er von absoluter Einfachheit. Er würde nur ein paar Pfund wiegen und könnte in einer kleinen Reisetasche getragen werden. Offensichtlich konnte er leicht in Massenfertigung hergestellt werden. Der Schlüssel für seinen Betrieb ist ein Gleichstrom-Ultraschallgenerator. Experimente zeigten, dass das Konzept Gültigkeit besaß, und der Autor erzielte mit einem billigen und unzureichenden Gerät überraschende Ergebnisse. Die Machtelite konnte ihn davon abhalten, einen Generator zu erhalten, der ausreichend gewesen wäre. Der Autor sandte eine Bauanleitung an einen Brieffreund in Australien, der die Freie-Energie-Technik förderte und der sicher Zugang zu einem entsprechenden Generator haben würde. Zu der Zeit als Gary in das Leben des Autors eintrat, hatte dieser von seinem Freund in Australien noch nichts gewusst. Er gab Gary den Umschlag eines Briefes, den er aus Australien erhalten hatte, um damit eine Fernwahrnehmung durchführen zu lassen. Er schloss seine Augen und begann zu beschreiben, was er sah. Es war ein Mann, der sich über eine Werkbank beugte. Auf dieser befand sich eine vollständige Beschreibung des Generators. Gary sagte dann, dass dieser Mann anfangs in Bezug auf die Informationen, die ihm der Autor gesandt hatte, skeptisch gewesen war, aber schließlich wurde er besessen von dem Gerät und vernachlässigte alles einschließlich seiner Familie.

Was schließlich folgte, ist immer die gleiche alte Geschichte. Die Leute, die ihre angestammten Rechte in Gefahr sahen, schritten ein und bereiteten dem Projekt eine Ende. Kurze Zeit nach der Fernwahrnehmung von Gary entschloss sich der Autor die gleiche Bauanleitung einem anderen Freund zu senden, der in der sogenannten "New-Age-Bewegung" sehr bekannt war. Der Autor wusste, dass er sich in der Position befand, den notwendigen Ultraschallgenerator zu besorgen und dass er erpicht darauf war, einen Weg zu finden, um Freie Energie zu erhalten. Er stand mit dem Autor in regelmäßigem Briefkontakt. Eine Woche nachdem er diese Informationen abgesandt hatte, kam Gary vorbei und der Autor gab ihm einen der Briefe seines Freundes, um damit die Fernwahrnehmung einzuleiten. Nachdem er den Brief für ein oder zwei Minuten gehalten hatte, meinte Gary folgendes: "Ich sehe diesen Mann, wie er eine Teslaspule betreibt." Dann ließ er die Bemerkung los: "Oh, mein Gott, er verwendet deinen Generator!" Ungefähr zwei oder drei Wochen später kehrten Gary und der Autor aus einem Restaurant zurück. Gary hatte ihn zu einem Essen eingeladen. Es war ungefähr zehn Uhr Abends, und bevor er aus Garys Wagen stieg, übergab er ihm einen anderen alten Brief seines Freundes. Diesmal beschrieb Gary einen Mann in einer Zwangsjacke. Leute schrien ihn an, und er war gefoltert worden. Offensichtlich hatte die Machtelite extreme Maßnahmen ergriffen, um die Verbreitung freier Energie zu verhindern. Der Autor hat seit dieser Zeit nichts mehr von diesem Freund gehört. Es ist unvermeidlich, dass dieser Generator unter der Leitung des Autors in allgemeinen Gebrauch kommen wird. Aufgrund der Ereignisse, die sich zugetragen hatten, würde die Machtelite nicht einmal daran denken, bei ihm die gleichen Methoden wie bei anderen anzuwenden.

Die hochgradig irrationalen und unsinnigen Versuche, Gary und den Autor davon abzuhalten, den Ort zu erreichen, an dem es zu dem Höhleneinsturz gekommen war, muß noch erklärt werden. Der kriminelle Geist, wie ihn die Mitglieder der Machtelite besitzen, ist oft unlogisch und wankelmütig. Der Höhleneinsturz war ein schrecklicher Schock für die derzeitigen Machthaber. Eine billiardenteure Investition zusammen mit den Verbündeten für ihre bösartigen Absichten war über Nacht ausgelöscht worden, wodurch sie ein wenig "entzaubert" wurden.

Der Leser mag sich vielleicht fragen, wer und was Ron wirklich ist. Ist er ein hochrangiger Ausserirdischer? Der Autor kann dies nicht mit Sicherheit sagen, aber er ist eine aussergewöhnliche Person. Es schien, dass er jede Bewegung des Autors kannte und wusste, wo er sich zu einer bestimmten Zeit aufhielt. Die Wohnung, in der der Autor zu dieser Zeit lebte, besaß ein Telefon im ersten Stock. Es nahm nur Nachrichten auf und läutete nie. Wenn irgendjemand anrief, dann musste man sich schon im Umkreis von ungefähr drei Meter befinden, um rechtzeitig den Hörer abzunehmen, damit man bei einem Anruf mit dem Anrufer reden konnte. Ron rief den Autor bei verschiedenen Anlässen an, und jedesmal war er in der Nähe. Zufall? Das ist sehr unwahrscheinlich. In den späten Achtziger Jahren teilte Ron dem Autor mit, dass er gerade von einer Reise an die Ostküste zurückgekehrt sei. Er hatte "The Awesome Life Force" in Buchläden überall im ganzen Land gesehen. Der Autor war von seinem Verleger in einem horrenden Ausmaß um Lizenzgebühren betrogen worden.

Eine andere Person, die eine wichtige Rolle im Leben des Autors spielte und dann wieder in der Versenkung verschwand, war ein gewisser Fred Willard. Er war so etwas wie ein Seher, aber in einiger Hinsicht ziemlich verwirrt. Wie der Autor später herausfand, besaß er ebenfalls einen mangelhaften Charakter. Trotzdem war er mit dem Autor ungefähr drei Jahre eng befreundet. Kurz nachdem wir uns kennengelernt hatten, machte er bei einem Besuch des Autors eine bemerkenswerte Äusserung. Dies war im Jahr 1964. Sozusagen aus dem Nichts heraus sagte er folgendes: "Hier ist jemand, der behauptet, dein Vater zu sein. Sein Name ist Gorman, der König der Kobolde. Er sagt, dass er die Energien projiziert habe, welche dich erschaffen haben. Er ist für einen Kobold ziemlich groß, ungefähr 1,35 m." Ungefähr zwei Jahre später machten der Autor und Willard eine Reise nach Salt Lake City. Wir blieben dort ungefähr ein Jahr lang. Auf dem Weg dorthin verbrachten wir die Nacht in unseren Schlafsäcken auf einem Feld in Zentral-Utah. Bevor sich der Autor schlafen legte, legte er seine Kleider ausserhalb des Schlafsacks in die Nähe des Kissens. Als er am nächsten Morgen aufwachte, bemerkte er, dass seine Hose fehlte. Nach einer kurzen Suche entdeckte er sie perfekt zusammengelegt unter seinem Schlafsack. Sie schaute aus, als ob sie von der Reinigung zurückgekommen wäre! Willard sagte dann, dass dies Gormans Grüße an den Autor seien, als er das Land der Mormonen betreten hatte. Kurze Zeit später campten Willard und der Autor im Cache National Park im Norden von Utah. Diese Nacht, als wir uns in unseren Schlafsäcken zur Ruhe legten, machte Willard folgende Ankündigung: "Gorman sagt, dass er dir am nächsten Morgen einen

Besuch abstatten wird!" Der Autor wachte am nächsten Morgen auf und war wie versteinert. Gorman hing ungefähr einen halben Meter von ihm entfernt mit dem Kopf nach unten und starrte ihm in die Augen. Er schaute genauso aus wie die Kobolde, die in Märchenbüchern abgebildet werden. Er hörte wie andere Kobolde in der Nähe herumliefen. Es wurde kein Wort gesprochen, und nach zwei Minuten war der Spuk wieder verschwunden. Während dieser ganzen Zeit hatte Willard fest geschlafen.

Während unseres Aufenthalts in Salt Lake City wurde Willard bei zahlreichen Anlässen von irgendwelchen Leuten angesprochen, die sagten, "Ich kenne Sie!" In Salt Lake City sah der Autor ein Foto von Brigham Young, der Willard sehr ähnlich sah. Allerdings war Young in einiger Beziehung etwas intelligenter als Willard. Man sollte berücksichtigen, dass eine Person mit bestimmten Talenten einige von diesen in ihrer nächsten Verkörperung verlieren wird, wenn er oder sie kein vorbildliches Leben geführt hat. Willards Rechtschaffenheit ließ einiges zu wünschen übrig. War Brigham Young frei von List und Tücke? Die Pflegegroßmutter des Autors wurde als Mormonin in der Gegend von Salt Lake City erzogen. Sie erinnerte sich, als sie als Kind Brigham Young gesehen hatte, als er vor einer großen Menge vorführen wollte, dass er auf dem Wasser gehen könne. Er hatte insgeheim Pfähle in den Grund des Salt Lakes getrieben, die bis kurz unter die Wasseroberfläche reichten. Als die Menge der Vorführung ehrfürchtig zuschaute, verfehlte er einen der Pfähle und stürzte ziemlich ungraziös in den See! Wer weiß, wie viele "Leichen noch in Brigham Youngs Keller liegen."

Seit der Auslöschung der 85 Untergrundanlagen im Dezember 1990 gab es bis vor kurzen kaum mehr UFO-Sichtungen. Es ist nicht recht lange her, als im Programmheft eines Kabelfernsehsenders eine Sendung mit dem Titel "Wo sind die ganzen UFOs?" aufgeführt wurde. Es war zu lesen, dass vor dem Ende des kalten Krieges zahlreiche UFO-Sichtungen zu verzeichnen gewesen waren. Seit dieser Zeit wurden allerdings nur selten UFOs beobachtet. Interessanterweise endete der kalte Krieg genau zu der Zeit, als es zu den massenweisen Höhleneinstürzen kam. Der Autor musste hierüber herzlich lachen.

12. KAPITEL

EIN FALL, DER EINE HERAUSRAGENDE BESTÄTIGUNG FÜR DIE HORRENDEN VERBRECHEN DARSTELLT, DIE VON DER MACHTELITE BEI DER VERTUSCHUNG DER UFOS BEGANGEN WURDEN. DIE AKTIVITÄTEN UND DIE ROLLE DER AUSSERIRDISCHEN BEI IHRER AUFDECKUNG

Die folgenden Informationen stammen aus einer Biografie mit dem Titel: "The Man Who "Outed" the U.S. Saucer Program: Colonel Steve Wilson". Sie basiert auf Notizen und Briefwechsel zwischen Wilson und einem gewissen Boylan, kurz bevor ersterer an Krebs starb.

Wilson wurde in den Dreissiger Jahren geboren und mit 13 wurde er bei der Luftwaffe aufgenommen. Er war für sein Alter sehr groß, und er musste in Bezug auf sein Alter lügen, das er mit 16 angab.

Bei diesem Unterfangen wurde er von seiner Pflegemutter unterstützt. Er war aus einem Waisenhaus ausgebrochen. Er arbeitete sehr hart und war sehr intelligent. Als Folge hiervon stieg er sehr schnell auf. Er machte den High-School-Abschluss und absolvierte eine Ausbildung, die einem zweijährigen College-Studium gleichkam. Von da an arbeitete er als Flugingenieur auf einer B-17. Bald wurde er Stabsfeldwebel und General Crabbe unterstellt. Der General nahm in unter seine Fittiche, und als Ergebnis wurde er ein Kampfpilot. Nach den folgenden Beförderungen wurde er schließlich Pilot für Sabre-Düsenjäger und wurde einer Kampfstaffel für den Korea-Krieg zugeteilt. Während einer seiner Missionen wurde er von einer Schrapnellladung getroffen und verlor eine Menge Blut. Er teilte seiner Basis seine Position und die restliche Treibstoffmenge und dass er getroffen worden wäre mit. Er informierte sie auch darüber, dass er dabei sei bewusstlos zu werden und nicht zurückkehren würde.

Drei Tage später sah man im Kontrollturm der Basis einen unglaublichen Anblick. Wilsons Flugzeug kam im Landeanflug angeschwebt und das obwohl die Motoren gar nicht liefen. Das Flugzeug war von einem grünen Licht umgeben. Es legte eine perfekte Landung hin, und im Innern lag Wilson immer noch bewusstlos. Er wurde sofort in ein Krankenhaus gebracht. Als er das Bewusstsein wieder erlangte, bemerkte er, dass seine Schrapnellwunde fast schon wieder verheilt war. Sein Flugzeug hatte immer noch den gleichen Treibstoffvorrat als zum Zeitpunkt, als er gefunkt hatte. Er konnte sich an nichts erinnern, was in diesen drei Tagen geschehen war!

Wilson wurde danach zahlreichen Untersuchungen unterzogen. Diese Untersuchungen legten offen, dass sein Intelligenzquotient von vormals 162 auf 232 gestiegen war. Wilson fand dann heraus, dass sich seine ESP-Fähigkeiten stark verbessert hatten. Aufgrund der folgenden Ereignisse ist es nicht schwierig zu erraten, was während dieser drei Tage geschehen war. Die wohlgesinnten Ausserirdischen, welche die Machtelite in ihren Bemühungen um die Vertuschung der UFOs und ähnlicher Phänomene und die hierbei verwendeten Methoden mit Argwohn betrachteten, sahen in Wilson ein ideales Objekt, welches sie für die letztendliche Aufdeckung der Verschwörung benutzen konnten. Er war rechtschaffen, besaß Intelligenz und den notwendigen Mut. Er und sein Flugzeug waren zweifelsohne in ein UFO levitiert worden, wo er bestimmten Behandlungen unterzogen wurde, seine Wunden geheilt und seine Chakras geöffnet wurden, wodurch sowohl seine ESP-Fähigkeiten als auch seine Intelligenz gesteigert wurden. Er wurde dann in das Flugzeug zurückgebracht, welches daraufhin zurück in die Basis levitiert wurde. Viele UFOs besitzen die Fähigkeit sich unsichtbar zu machen.

Aufgrund seiner neuen Fähigkeiten stieg Wilson schnell in höhere Ränge auf. Schließlich wurde er einer supergeheimen Organisation zugeteilt, welche für die Überwachung, die Nachrichtensperre und die Untersuchung von geborgenen ausserirdischen Raumschiffen und deren Insassen, und dem öffentlichen Zutritt zu Informationen, die solche Dinge betraf, zuständig war. Er wurde zum Major mit Top-Secret-Zugangsberechtigung befördert. Danach folgte seine Unterweisung über die UFO-Geheimnisse, die von Geheimorganisationen unter Verschluss gehalten wurden. Es wurden ihm die Überbleibsel der Ausserirdischen und die abgestürzten UFOs aus dem Roswell-Zwischenfall im Jahr 1947 gezeigt, welche im Wright-Patterson-Luftwaffenstützpunkt im Hangar 84 untergebracht waren. Er las Berichte über den Zwischenfall und wie diese Organisation alles vertuscht hatte, indem sie alle Dokumente und Ausgaben mit einem "Soccoro NM ****" belegt hatte. Er wurde auch darüber informiert, dass er aufgrund seiner speziellen Fähigkeiten in diese Position befördert worden war. Als Teil seiner Pflichten wurde er der "1st Special Forces Air Command" unterstellt und absolvierte bei der “Delta Force” und den “Black Berets” eine Spezialausbildung.

Er erkannte bald, dass jeder, mit dem er es zu tun hatte, ein ausgebildeter Killer und Attentäter war. Er ahnte noch nichts von den MIB (Men in Black) und anderen Gruppen, in deren Aktivitäten die US-Regierung tief verstrickt war. Zu dieser Zeit wurde ihm gesagt, dass er in Bezug auf die Aussenwelt von nun an nicht mehr existieren würde. Es wurde ihm ausserdem mitgeteilt, dass sein Job so geheim sei, dass alle Unterlagen, die über ihn existierten, eingezogen und diese dann einer geheimen Organisation mit Namen Majestic-12 übergeben würden. Es wurde ihm auch gesagt, dass seine telepathischen Fähigkeiten für etwas sehr Spezielles gebraucht würden und dass er auf einer sogenannten “need to know”-Basis bleiben würde, bis seine Sicherheitserlaubnis ausreichend hoch sei. Die ganze Zeit glaubte er naiverweise, dass er seinem Land dienen würde. Er wusste nicht, dass er in der schändlichsten Vertuschungsaktion, welche die Welt je gesehen hat, verwickelt werden würde. Er wusste auch nichts von der Machtgier von ein paar Männern, die später dann als MAJ-I (die Top-Exekutive von Majestic-12) bekannt wurden.

Die nächsten neun Jahre besuchte Wilson praktisch jeden Luftwaffenstützpunkt auf der ganzen Welt und kam in Kontakt mit Schlüsselpersonen von Majestic-12. (Es ist beruhigend zu wissen, dass nur die Erwähnung des Namens des Autors ausreicht, um diese Organisation erzittern zu lassen). Im Sommer 1972 wurde er der "1st Special Forces Air Command" auf dem Vandenberg-Luftwaffenstützpunkt unterstellt. Kaum war er angekommen, wurde er mit dem Flugzeug nach Zentral-Nevada in die "Nellis Air Force Range" gebracht. Er wurde dann in einen Berg geführt und dort einen Tunnel hinunter. Es schien fast so, dass der gesamte Berg hohl war. Am Ende befanden sich riesige Tore, aus denen Flugzeuge starten konnten. Er wurde zu einem Lift gebracht, der tief in die Erde führte. Wilson wurde gewarnt, dass alles, was er sah, streng geheim sei, und dass es sein letzter Atemzug sein würde, falls er darüber sprechen würde. Er begann seine Arbeit dort, ohne zu wissen, dass noch dreissig weitere Stockwerke nach unten führten.

Später brachte ihn dann ein Oberstleutnant zwei Stockwerke nach unten in einem supergeheimen Bereich für die UFO-Technologie, der "S-4" genannt wurde. Als sie an einem Anlegeplatz herauskamen, sah Wilson acht verschiedene Arten von UFOs. Überall in diesem Bereich gab es bemerkenswert aussehende Leute. Der Oberst und Wilson gingen in eine Kabine, in dem ungefähr zwanzig Offiziere und Zivilisten waren. Eine aussergewöhnlich aussehende Frau, die mindestens 2,50 groß war, betrat dann den Raum. Sie hatte einen großen Kristall auf dem Tisch, und plötzlich begannen ihre Finger zu glühen, als sie damit über den Kristall fuhr. Daraufhin begann sich ein 3-D-Hologramm über diesem zu bilden! Alle standen mit offenem Mund da. Während sie zusahen, offenbarte das Hologramm, das auch mit Ton ausgestattet war, die Geheimnisse der Vergangenheit und Gegenwart.

Unter den Szenen, welche der Kristall der weiblichen Ausserirdischen für die versammelte Gruppe zeigte, war auch die Geschichte der Erde und die Verwicklung der Ausserirdischen darin. Diese Frau zeigte der Gruppe auch Szenen von Planeten anderer Sonnensysteme. Diese Vorführung hinterließ einen gewaltigen Eindruck auf Wilson.

An dieser Stelle mag sich der Leser vielleicht fragen, weshalb ein so hohes Wesen wie diese weibliche Ausserirdische ihre Zeit für eine solche Vorführung für eine Gruppe, die, mit der Ausnahme von Wilson, aus Missetätern bestand, verschwendete. Die einzige logische Schlussfolgerung ist, dass dies für Wilson und nur für Wilson geschah. Zweifelsohne gehörte diese Ausserirdische zu der Gruppe von Ausserirdischen, welche Wilson ein paar Jahre zuvor gerettet hatte. Der Autor hat das starke Gefühl, dass es sich hierbei um die gleichen

Ausserirdischen handelt, die auch ihn vor 82 Jahren auf diesen Planeten gebracht haben. Der Test mit der Wünschelrute ergab, dass alle obengenannten Dinge der Wahrheit entsprachen. Und diese Methode hat sich in Bezug auf Dinge, die der Autor wissen muß, als äusserst korrekt herausgestellt. Sie hatte es ihm auch ermöglicht, auf einer riesigen Landkarte die genaue Lage der Untergrundanlage in der Nähe von Portland zu bestimmen. Allerdings für Dinge, welche der Autor nicht unbedingt wissen muß, hat sich diese Methode als sehr unzuverlässig erwiesen. Zweifelsohne gehören die oben genannten Ausserirdischen zu den intelligentesten und mächtigsten Menschen im ganzen Universum.

Wilson veränderte sich aufgrund der genannten Erfahrung. Im Dezember 1980 wurde er zum Exekutivoffizier einer Eliteeinheit aus "Black Berets" der Luftwaffe und Militärwissenschaftlern ernannt, die sofort zu jedem UFO-Absturz eilen, den Bereich absperren, das ausserirdische Raumschiff und jeden Insassen bergen, und danach die Absturzstelle in ihren ursprünglichen Zustand zurückversetzen und jeden Zeugen zum Schweigen bringen.

Nachdem Wilson zum Oberst aufgestiegen war und Zugang zu streng geheimen Dokumenten und Einrichtungen erhalten hatte, erfuhr er sehr viel über die innere Struktur von Majestic-12. Wilsons geheime Pflichten bestanden auch darin, mit verdeckt operierenden "MIB"-Vollzugsschlägern" zusammenzuarbeiten. Wilson verabscheute diese Killer bald. Er erfuhr auch von geheimen Weltraumwaffen, die von Militärastronauten, die in einer geheimen Luftwaffenspezialakademie ausgebildet wurden, verwendet wurden. Er fand heraus, dass diese Militärastronauten in den USA gebaute Antigravitationsraumschiffe in den Weltraum fliegen. Diese Militärastronauten fangen dann UFOs ab, die als "unfreundlich" angesehen werden und feuern "Star-Wars-Waffen" auf diese ab, um sie zu zerstören.

Oberst Wilson erfuhr sogar einige Dinge über die Spitze von Majestic-12, eingeschlossen zweier Mitglieder des Exekutivausschusses, nämlich den Vorsitzenden Henry Kissinger und den beratenden Wissenschaftler Edward Teller, welche beide den Zugang zu Dingen haben, welche die höchste Geheimhaltungsstufe besitzen. Zu seinem Leidwesen fand Wilson später heraus, dass diese Organisation auch unter dem Namen "Die Neue Weltordnung" bekannt war.

Da Wilson die unethischen Aktivitäten von Majestic-12 und seine eigene Verwicklung darin satt hatte, stieg er aus. Nachdem er 15 Jahre nachgesinnt hatte, entschloss er sich, sein Leben zu riskieren und alles zu erzählen. Das Mittel, das er verwendete, war das weltweite Kommunikationsnetz Internet. Die gewaltige Menge sensibler Informationen wurde auf die Skywatch-Web-Seite plaziert. Er kommunizierte ständig mit der UFO-Informationsgruppe, die er gegründet hatte. Die Reue in Bezug auf seine Rolle in den Aktivitäten dieser Parallelregierung war gründlich. Sein abschließender Kommentar lautete so: “Die Dinge, die ich gesehen habe, sind jenseits des menschlichen Verständnisses und völlig unglaublich. Ich möchte der Menschheit nur bei den Dingen helfen, die bald kommen werden.” Wilson wird vielleicht zufrieden sein, wenn er im Totenreich erfährt, dass alle diese Untermenschen einer schrecklichen Strafe entgegengehen -- und das schon sehr bald.

Obwohl Wilson gegen Ende seines Lebens einige der größten Geheimnisse ausplauderte, waren die Majestic-12-Schläger nicht in der Lage, ihn auszuschalten. Wie er wahrscheinlich selbst nicht wusste, wurde er insgeheim von wohlgesinnten Ausserirdischen beschützt, genauso wie viele andere, welche eine wichtige Rolle für den letztendlichen Zusammenbruch der Machtelite zu spielen haben. Trotz der Dinge, die Wilson erfuhr, darf bezweifelt werden, dass ihm das ganze Ausmaß der Verschwörung bekannt war. Tatsächlich war er noch weit davon entfernt. Offensichtlich wusste er nichts von den 85 geheimen Untergrundanlagen und der Zusammenarbeit dieser Degenerierten mit den bösartigen Grauen und Reptoiden, was ja im vorangegangenen Kapitel besprochen wurde. Informationen hierüber wurden erst nach Wilsons Abgang durch andere offengelegt, die eine ähnliche Rolle zu spielen hatten wie Wilson. Die Welt kann wirklich dafür dankbar sein, dass diese hochrangigen Ausserirdischen hier sind, und das schon seit langer Zeit.

13. KAPITEL

ZUSAMMENFASSUNG

Es wurde gezeigt, dass menschliche Werkzeuge, die in den ältesten Ablagerungen gefunden wurden, jene bestätigen, die sich in einer wesentlich besseren Position befinden, über solche Dinge Bescheid zu wissen als die akademischen Wissenschaftler, und welche behaupten, dass es auf diesem Planeten Menschen gibt, seitdem dieser zum ersten Mal bewohnbar wurde. UFO-Kontaktler wurden vorgestellt und die wichtige Rolle aufgezeigt, die sie im Leben des Autors gespielt haben. Ausserdem wurde eine Menge über die Vergangenheit des Autors offengelegt. Das Leben des berüchtigten Luzifers wurde kurz beschrieben, genauso wie der interplanetarische Krieg, den er anzettelte und die folgenden Probleme, die er aufgrund der künstlichen Menschen, die er erschaffen hatte und die in der Lage waren, sich fortzupflanzen, auf der Erde verursachte. Viele der schier unglaublichen Erfahrungen des Autors wurden beschrieben. Die Rolle, welche UFOs bei der Sintflut spielten, eingeschlossen der Arche Noah, wurde aufgedeckt, und die einzige Erklärung, die mit den Tatsachen übereinstimmt, vorgestellt. Die geheime Zusammenarbeit der amerikanischen Regierung in den letzten Jahrzehnten mit den bösartigen Ausserirdischen und was mit ihnen passierte, wurde dargestellt. Auch Fortsche Phänomene wurden erwähnt. Es muß jetzt noch geschildert werden, was mit den ungefähr 5 Millionen künstlichen Menschen geschah, welche diesen Planeten hinter den Kulissen regiert haben, wie dies der Autor zuvor versprochen hat. Der Autor hat diese zu einem seiner Hauptangriffsziele gemacht. Als Ergebnis hiervon sind sie seit drei Jahrzehnten verschwunden.

Es darf also geschlossen werden, dass UFOs und Ausserirdische eine wesentliche Rolle in der gesamten Geschichte dieses Planeten gespielt haben. Das werden sie auch in der Zukunft tun.

Die ungewöhnlichen Energieverhältnisse, welche auf diesen Planeten herrschen, sind von so schädlicher Art, wie es sich nur wenige Menschen vorstellen können. Diese Verhältnisse wurden von der bösartigen Machtelite mit Absicht geschaffen. Weshalb? Die Gründe sind offensichtlich. Sie dienen der Unterdrückung und Kontrolle der Massen. Die Vertuschung ist so groß, dass es nur wenige gibt, welche ein ausreichendes Format und Geist besitzen, um über den Dingen zu stehen und diese in der richtigen Perspektive zu sehen. Zusätzlich wird hierdurch die moralische Struktur eines Großteils der Bevölkerung geschwächt. Dies ist durch Verschmutzungen aller Art erreicht worden. Die Verschmutzung der Atmosphäre, des Wassers und der Nahrungsmittel ist nur ein Teil davon. Was ist mit der Art von Unterhaltung in Filmen, der Literatur, Musik usw., welche dem Publikum aufgezwungen wird? Welchen Schaden können schädliche Schwingungen, wie z.B. schlechte Musik, in der menschlichen Seele anrichten? Diese Fragen sind durch verschiedene Experimente beantwortet worden. Vor ein paar Jahren wurden z.B. identische Pflanzen in drei verschiedene schalldichte Räume gebracht. In dem einen wurden sie 24 Stunden am Tag mit Pop und Rockmusik bombardiert. In einem anderen wurden die Pflanzen 24 Stunden der besseren klassischen Musik ausgesetzt. Im dritten Raum war es völlig ruhig. Nach einigen Wochen fingen die Pflanzen, welche der Popmusik ausgesetzt waren, zu faulen an und drehten sich von der Quelle der Musik weg. Die Pflanzen, welche der klassischen Musik ausgesetzt waren, gediehen und wurden größer als normal. Die neigten sich ausserdem in die Richtung, aus der die Musik kam. Die Pflanzen im dritten Raum befanden sich im guten Zustand, allerdings nicht annähernd so gut wie jene, die mit klassischer Musik beschallt worden waren.

Durch Experimente ist auch herausgefunden worden, dass klassische Barockmusik des 17. und 18. Jahrhunderts das Gedächtnis verbessert. Auch der Intelligenzquotient steigt, wenn man längere Zeit klassische Musik, sowohl Barock als auch anderweitige, anhört. Der Autor hat die Popmusik schon immer gehasst, und es ist unwahrscheinlich, dass irgendjemand längere Zeit der besten Musik ausgesetzt war als er. Ansonsten wäre es extrem unwahrscheinlich gewesen, dass er jemals auch nur annähernd das erreichen hätte können, was er tatsächlich erreicht hat. Höchstwahrscheinlich hätte er dann seine beiden bisherigen Bücher nie geschrieben.

Schlechte Musik muß nicht einmal gehört werden, um schädliche Auswirkungen zu haben. Dies wurde schon vor vielen Jahren in Südafrika demonstriert. Es gab zwei Radiostationen, die sich in größerer Entfernung voneinander befanden, wobei eine 24 Stunden lang Rockmusik spielte und die andere 24 Stunden Klassik übertrug. Es wurde herausgefunden, dass sich die Vegetation in der Umgebung von mehreren Kilometern um die Rockstation herum in einem schlechteren Zustand befand als jene, die weiter entfernt war. Die Vegetation, welche den Klassiksender umgab, befand sich in einem weitaus besseren Zustand als üblich. Die Zahl der Radiostationen, welche klassische Musik ausstrahlen, ist immer weiter zurückgegangen. Sie sind aufgekauft und in Stationen verwandelt worden, welche die Luftstraßen verpesten. Dies ist auch in Portland geschehen. Inzwischen ist nur noch ein Klassiksender übriggeblieben.

Rockstars und Rockmusiker sind der absoluten Verachtung würdig und haben eine riesige Menge an schlechtem Karma aufgebaut.

Was haben die negativen Verhältnisse, die auf diesem Planeten vorherrschen, mit klassischer Musik zu tun? Fast alle Leute erweisen sich als unfähig, zwischen guter und schlechter Musik zu unterscheiden. Dirigenten z.B. behandeln die modernen Pseudokomponisten mit der gleichen Hochachtung wie die großen Meister der Vergangenheit wie Bach und Beethoven. Während der meisten ihrer Vorführungen gelangen sie vom Erhabenen zum Lächerlichen, indem sie neue Werke mitaufnehmen, die aus den übelsten Klängen bestehen, die man sich nur vorstellen kann.

Die Irrationalität, auf die der Autor bei vorgeblich intelligenten Leuten getroffen ist, kann man nur schwer begreifen. Einige Erlebnisse in dieser Hinsicht waren wie ein Schlag ins Gesicht des Autors, wenn man das so sagen will. Als z.B. das erste Buch des Autors im Jahr 1982 erschien, veröffentlichte ein bekannter Vertreter der sogenannten New-Age-Bewegung namens Richard Clark eine glühende Kritik darüber. Ein Veranstalter namens Jim Gibson, der noch Redezeit bei einer großen Versammlung frei hatte, die auf Long Beach in Kalifornien abgehalten werden sollte, lud den Autor und Richard Clark ein, dort Vorträge zu halten. Das Buch des Autors hatte die Tür zum Verständnis der Funktionsweise eines der Produkte Clarks, das er "Polarizer" nannte, geöffnet. Dem Autor und Clark wurden für ihre Vorträge die gleiche Zeit zur Verfügung gestellt. Clark sprach als Erster, und er beanspruchte zwei Drittel der vorgegebenen Zeit. Was er tatsächlich sagte, hätte man auch in fünf Minuten sagen können. Sein Thema war der Reichsche Cloudbuster gewesen. Die verbleibende Zeit war für den Autor nicht ausreichend, um auf alle Themen einzugehen, für deren Verständnis ausserdem wesentlich mehr Intelligenz notwendig gewesen wäre, als Clark besaß. Nach der Sitzung scharten sich die meisten Besucher, eingeschlossen Gibson, um Clark, als ob er das Hirn des Duos gewesen wäre.

Ein paar Jahre vor diesem Ereignis hatte ein früherer Kollege des Autors, dessen Namen nicht genannt werden wird, um ihn diese Peinlichkeit zu ersparen, einiges mit den Arbeiten am ersten Buch des Autors zu tun. Er besaß eine große Bibliothek mit relativ seltenen Büchern, eingeschlossen jene von Wilhelm Reich, welche den Autor mit wichtigen Informationen, welche er in seinem Buch verwendete, versorgte. Das Ganze führte zu einer zeitlich begrenzten Zusammenarbeit. Nachdem ein Großteil des Buches geschrieben war und der Autor Rätsel gelöst hatte, welche bis dahin die größten Geister aller Zeiten verblüfft hatten, gewann er Vertrauen zu seinem Mitarbeiter und erzählte ihm die folgende Geschichte:

Während des Frühjahrs 1963 wurde der Autor nach Oregon eingeladen, um eine Reihe von Vorträgen vor den sogenannten "Verständnisgruppen" zu halten, die von dem Arzt Olin Byerly, der eine Klinik in Eugine hatte, geleitet wurden. Er kam ungefähr mittags mit dem Bus an und verbrachte den Nachmittag in Dr. Byerlys Haus. Er besaß eine ziemlich große Bibliothek, und unter den Büchern war eines mit dem Titel "The Book of Truth" von H.C. Randal Stevens. Das Buch enthielt einen kurzen Abriss der Geschichte dieses Planeten und jene der Ältestenrasse. Der Inhalt des Buches war einem untergeordneten Ältesten von einem nichtinkarnierten hochrangigen Ältesten gechannelt worden. Während der Lektüre dieses Buches bekam der Autor eine Gänsehaut, da der Propagandist des Buches genau zu dem Rang und der Beschreibung der Person passte, welche Larry laut seiner eigenen Angaben sein sollte. Gleich nachdem der Autor nach Los Angeles zurückgekehrt war, rief ihn Elary Wilsey an. Er schien sehr aufgeregt zu sein und erzählte ihm, dass Jesus mit ihm Kontakt aufgenommen und ihn darum gebeten hatte, eine Séance in Gabriel Greenes Haus abzuhalten, bei der er wünschte, dass auch der Autor anwesend sein sollte. Einige der führenden Ufologen zu dieser Zeit nahmen an dieser Séance teil. Als der Autor ankam, führte ihn Wilsey nach vorne und sagte ihm, dass er sich ihm gegenübersetzen und ins Gesicht blicken sollte. Daraufhin sprach Jesus zum Autor und bezeichnete ihn als “Vater”. Jesus teilte ihm dann mit, dass das, was in “The Book of Truth” offenbart wird, der Wahrheit entspricht und bestätigte den Verdacht des Autors in Bezug auf die Identität von Larry. Danach, während der Frage-und-Antwort-Periode, fragte Greene Jesus über seine Wiederkunft. Die Antwort lautete so: “Der kommende Weltlehrer befindet sich gerade jetzt in diesem Raum. Muß ich noch mehr sagen.” Nach dieser Séance schien sich keiner mehr ausser dem Autor an die Durchsagen erinnern zu können.

Nachdem der Autor seinem Mitarbeiter diesen Vorfall geschildert hatte, wollte dieser die Namen aller anwesenden Ufologen wissen. Seine Schlussfolgerung war, dass es nicht der Autor gewesen sein konnte, auf den sich Jesus bezogen hatte, sondern tatsächlich einer der Ufologen!

Aufgrund der horrenden Verhältnisse auf diesem Planeten ist die Schwächung der moralischen Struktur der Bevölkerung im allgemeinen mehr als offensichtlich. Der Autor hat in seinen Schriften wiederholt auf den unglaublichen Mangel an Rechtschaffenheit in der gesamten wissenschaftlichen Welt hingewiesen. Dieser Mangel ist in allen Phasen des Lebens vorhanden. Die Vergangenheit vieler angesehener Persönlichkeiten der Gegenwart und der Vergangenheit dürfte keiner genaueren Prüfung standhalten. Trotz all der negativen Verhältnisse muß man natürlich auch die andere Seite der Medaille in Betracht ziehen. Diese Verhältnisse haben als Prüfung für die anderen Seelen, welche diesen Planeten bewohnen, gedient. Um ein altes Klischee zu verwenden, wir haben es hier mit einem Fall zu tun, bei dem die Spreu vom Weizen getrennt wird. Die Prüfung ist nun fast vorbei, und der Letzte Tag, wie er in der Bibel erwähnt wird, ist nicht mehr fern.

Es ist logisch anzunehmen, dass das so oft prophezeite Goldene Zeitalter keine Realität werden kann, ohne dass eine große Zahl wohlgesinnter Ausserirdischer eingreift. Nur mit ihrer Hilfe und großen Macht ist es möglich, dass all jene, welche abscheuliche Verbrechen begangen haben, zusammengetrieben und gerichtet werden können.

Das ist notwendig. Dies wird auch im 10. Kapitel der Offenbarung beschrieben. Weisse Pferde bezieht sich selbstverständlich auf UFOs. Der Autor hat aus höheren Quellen die Mitteilung erhalten, dass Massenlandungen von UFOs unvermeidlich sind. Die Zeit ist reif. Bösartige Ausserirdische haben ab sofort keinen Zutritt mehr auf diesen Planeten.

Für viele der Degenerierten auf diesem Planeten gibt es keine Bestrafung, die hart genug sein könnte. Kann sich der Leser eine passendere und nützlichere Strafe vorstellen als die folgende? Jedes Jahr werden Tausender unschuldiger Menschen durch Minen getötet. Die heutigen Methoden, um Minenfelder zu räumen sind viel zu langsam. Die Missgeburten, die von den Ausserirdischen zusammengetrieben werden, könnten dazu verwendet werden, diese zu räumen, indem sie dazu gezwungen werden, in diesen auf- und abzumarschieren. Jene, die nicht sofort getötet werden, wenn sie auf eine Mine treten, könnten mit künstlichen Beinen und Krücken ausgestattet werden, so dass sie weitermarschieren könnten. Eine derartige Operation wäre für die Ausserirdischen vielleicht zu widerlich und unappetitlich, allerdings würde eine große Zahl von Menschen übrigbleiben, die von diesen Untermenschen misshandelt worden sind, und welche diesen Job sofort übernehmen würden.

Giordano Bruno

WILHELM REICH

Nikola Tesla

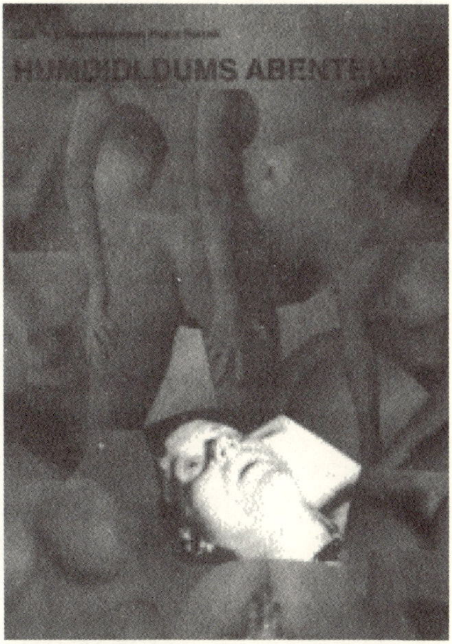

THE ULTIMATE REALITY

THE AWESOME LIFE FORCE

Weitere empfehlenswerte Bücher
zu diesem Themenbereich sind folgende:

Arktos -- Das Buch der hohlen Erde
Das Tagebuch des Admiral Byrd
Tibet -- Auf geheimnisvollen Pfaden zu geheimnisvollen Orten
Underground -- Stützpunkte und Tunnelsysteme
Die Macht I und II
Bewusstseinskontrolle
Die apakalyptischen Reiter
Die kosmische Verschwörung
M J 12 -- Die geheime Regierung
Alternative 3
Die Götter von Eden
Das Montauk Projekt
Rückkehr nach Montauk
Die Pyramiden von Montauk
Die Interviews zum Montauk Projekt
Die schwarze Sonne
Die dunkle Seite des Mondes
Handbuch der freien Energie
Die Harmonie des Weltraums
Das Buch der Antigravitation
Reise zu den inneren und äusseren Welten
Das Haarp-Projekt und Haarp ist mehr.

Diese Bücher sind zu erhalten über:
Michaels Vertrieb, Sonnenbichl 12, 86971 Peiting
Tel. 08861/59018, Fax 08861/67091